普通高等教育"十三五"规划教材

热工过程控制系统实验教程

主　编　蔡培力

副主编　周丽雯　刘　坤　冯亮花

北京

冶金工业出版社

2016

内 容 提 要

　　本书系为"热工过程控制系统"课程使用的实验教材，内容共分9章，包括高级过程控制实验系统的概述、被控对象特性测试、单回路控制系统实验、温度位式控制系统实验、串级控制系统的实验、比值控制系统实验、滞后控制系统实验、前馈-反馈控制系统实验、解耦控制系统实验等，并附有实验报告格式要求。本书既可满足热工过程控制的基本实验要求，同时也能满足开展综合实验、创新实验、课程设计、毕业设计以及进行科技创新活动等诸多方面的需要。

　　读者可通过对照实验系统装置进行课程实验，从而加深对热工过程控制系统专业知识的理解，为从事工程设计打下坚实的基础。

图书在版编目（CIP）数据

热工过程控制系统实验教程/蔡培力主编. —北京：
冶金工业出版社，2016.4
普通高等教育"十三五"规划教材
ISBN 978-7-5024-7190-3

Ⅰ.①热…　Ⅱ.①蔡…　Ⅲ.①热力工程—过程控制—实验—高等学校—教材　Ⅳ.①TK32-33

中国版本图书馆 CIP 数据核字（2016）第 047052 号

出 版 人　谭学余
地　　址　北京市东城区嵩祝院北巷 39 号　邮编　100009　电话　(010)64027926
网　　址　www.cnmip.com.cn　电子信箱　yjcbs@cnmip.com.cn
责任编辑　宋　良　王雪涛　美术编辑　吕欣童　版式设计　彭子赫
责任校对　王永欣　责任印制　李玉山
ISBN 978-7-5024-7190-3
冶金工业出版社出版发行；各地新华书店经销；固安华明印业有限公司印刷
2016 年 4 月第 1 版，2016 年 4 月第 1 次印刷
148mm×210mm；4.5 印张；130 千字；128 页
18.00 元
冶金工业出版社　投稿电话　(010)64027932　投稿信箱　tougao@cnmip.com.cn
冶金工业出版社营销中心　电话　(010)64044283　传真　(010)64027893
冶金书店　地址　北京市东四西大街46号(100010)　电话　(010)65289081(兼传真)
冶金工业出版社天猫旗舰店　yjgycbs.tmall.com
　　　　　　（本书如有印装质量问题，本社营销中心负责退换）

前　言

热工过程控制系统通常是指石油、化工、电力、冶金、轻工、建材、核能等工业生产中连续的或按一定周期程序进行的生产过程自动控制，是自动化技术的重要组成部分。在现代化工业生产过程中，过程控制技术正在为实现各种最优的技术经济指标、提高经济效益和劳动生产率、改善劳动条件、保护生态环境等方面发挥着越来越大的作用。

"热工过程自动控制系统"是热工过程自动化专业的核心课程，通过课程学习，可以掌握基本过程控制、复杂控制及 DCS 的原理、技术和方法等知识，较全面地丰富知识结构，培养科学思维和科技创新能力，具备更高的工程素质，以期在科技创新中跟上时代发展的步伐，开拓创新，与时俱进，为科技发展和国家现代化建设做出贡献。

当前，高校正在加大力度强化实验教学环节，建设综合、开放型实验室，提高专业培养水平，推进专业建设，利用现代化的教育信息手段，培养高素质人才，本书正是基于这一要求而编写的。

参加本书编写工作的有辽宁科技大学刘坤（第 1 章），辽宁科技大学冯亮花（第 2 章），辽宁科技大学蔡培力（第 3~6 章、第 8 章），辽宁科技大学周丽雯（第 7 章、第 9

章)，全书由蔡培力任主编。感谢辽宁科技大学教务处对本书编写和出版工作的支持，感谢浙江天煌科学仪器有限公司对本书编写工作的支持。

由于编写时间较为仓促，书中的缺点和错误在所难免，敬请读者批评指正。

编　者

2016 年 1 月

目　　录

实验装置说明

1.1 系 统 概 述

1.1.1 概述

"THJ-2 型 DCS 分布式过程控制系统"由实验控制对象、实验控制台及上位监控 PC 机三部分组成。它是根据工业自动化及其他相关专业的教学特点，吸收国内外同类实验装置的特点和长处，经过精心设计、多次实验和反复论证而推出的一套全新的综合性实验装置，是一套集自动化仪表技术、计算机技术、通信技术、自动控制技术及现场总线技术为一体的多功能实验设备。系统包括流量、温度、液位、压力等热工参数，可实现系统参数辨识、单回路控制、串级控制、前馈-反馈控制、滞后控制、比值控制、解耦控制等多种控制形式，既可作为本科、专科、高职过程控制课程的实验装置，也可为教师、研究生及科研人员对复杂控制系统、先进控制系统的研究提供一个物理模拟对象和实验平台。学生通过实验装置进行综合实验后，可掌握以下内容：

（1）传感器特性的认识和零点迁移；

（2）自动化仪表的初步使用；

（3）变频器的基本原理和初步使用；

（4）电动调节阀的调节特性和原理；

（5）测定被控对象特性的方法；

（6）单回路控制系统的参数整定；

（7）串级控制系统的参数整定；

（8）复杂控制回路系统的参数整定；

（9）控制参数对控制系统的品质指标的要求；

（10）控制系统的设计、计算、分析、接线、投运等综合能力培养；

（11）各种控制方案的生成过程及控制算法程序的编制方法。

1.1.2　系统特点

真实性、直观性、综合性强，控制对象组件全部来源于工业现场。

被控参数全面，涵盖了连续性工业生产过程中的液位、压力、流量及温度等典型参数。

具有广泛的扩展性和后续开发功能，所有 I/O 信号全部采用国际标准 IEC 信号。

具有控制参数和控制方案的多样化。通过不同被控参数、动力源、控制器、执行器及工艺管路的组合可构成几十种过程控制系统实验项目。

充分考虑了各大高校自动化专业的大纲要求，完全能满足教学实验、课程设计、毕业设计的需要，同时学生可自行设计实验方案，进行综合性、创造性过程控制系统实验的设计、调试、分析，培养学生的独立操作、独立分析问题和解决问题的能力。

1.1.3　实验装置的安全保护体系

（1）单相三线制总电源输入经带漏电保护装置的 2P 断路器进入系统电源之后通过电压表及指示灯进行电源指示。

（2）经过漏电保护器的电源又通过钥匙开关控制，钥匙可由老师保管，实验时需老师对接线进行检查后再通过钥匙给系统上电。

（3）控制屏上装有一套电压型漏电保护和一套电流型漏电保护装置。

（4）所有实验连线只涉及弱电信号，排除了强电触电的危险。

1.2　THJ-3 型高级过程控制对象系统实验装置

1.2.1　实验对象总图

实验对象总图如图 1-1 所示。

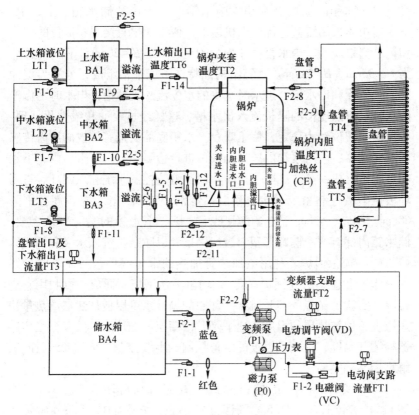

图 1-1 THJ-3 型控制对象实验装置

1.2.2 对象系统组成

控制对象主要由水箱、锅炉和盘管三大部分组成。供水系统一路由三相（380V 恒压供水）磁力驱动泵、电动调节阀、直流电磁阀、涡轮流量计及手动调节阀组成；另一路由变频器、三相磁力驱动泵（220V 变频调速）、涡轮流量计及手动调节阀组成。

1.2.2.1 被控对象

被控对象由不锈钢储水箱、（上、中、下）三个串接有机玻璃水箱、3kW 三相电加热模拟锅炉（由不锈钢锅炉内胆加温筒和封闭式锅炉夹套构成）、盘管和敷塑不锈钢管道等组成。

（1）水箱。包括上水箱、中水箱、下水箱和储水箱。上、中、下水箱箱体采用淡蓝色优质有机玻璃，便于学生直接观察液位的变化和记录结果。上、中水箱尺寸均为 $D = 25cm$，$H = 20cm$；下水箱尺寸为 $D = 35cm$，$H = 20cm$。水箱结构独特，由三个槽组成，分别为缓冲槽、工作槽和出水槽，进水时水管的水先流入缓冲槽，出水时工作槽的水经过带燕尾槽的隔板流入出水槽，这样经过缓冲和线性化处理，工作槽的液位较为稳定，便于观察。水箱底部均接有扩散硅压力传感器与变送器，可对水箱的压力和液位进行检测和变送。上、中、下水箱可以组合成一阶、二阶、三阶单回路液位控制系统和双闭环、三闭环液位串级控制系统。储水箱由不锈钢板制成，长、宽、高分别为68cm、52cm、43cm，完全能满足上、中、下水箱的实验供水需要。储水箱内部有两个椭圆形塑料过滤网罩，以防杂物进入水泵和管道。

（2）模拟锅炉。利用电加热管加热的常压锅炉包括加热层（锅炉内胆）和冷却层（锅炉夹套），均由不锈钢精制而成，可利用它进行温度实验。做温度实验时，冷却层的循环水可以使加热层的热量快速散发，使加热层的温度快速下降。冷却层和加热层都装有温度传感器检测其温度，可完成温度的定值控制、串级控制、前馈-反馈控制、解耦控制等实验。

（3）盘管。模拟工业现场的管道输送和滞后环节，长37m（43圈），在盘管上有三个不同的温度检测点，它们的滞后时间常数不同，在实验过程中可根据不同的实验需要选择不同的温度检测点。盘管的出水通过手动阀门切换，既可以流入锅炉内胆，也可以经过涡轮流量计流回储水箱，用来完成温度的滞后和流量纯滞后控制实验。

（4）管道及阀门。整个系统管道由敷塑不锈钢管连接而成，所有的手动阀门均采用优质球阀，彻底避免了管道系统生锈的可能性。有效提高了实验装置的使用年限。其中储水箱底部有一个出水阀，当水箱需要更换水时，把球阀打开将水直接排出。

1.2.2.2   检测装置

（1）压力传感器、变送器。三个压力传感器分别用来对上、中、下三个水箱的液位进行检测，其量程为 0~5kPa，精度为 0.5 级。采用工业用的扩散型硅压力变送器，带不锈钢隔离膜片，同时采用信号隔离技术，对传感器温度漂移跟随补偿。采用标准二线制传输方式，工作时需提供 24V 直流电源，输出 4~20mA DC。

（2）温度传感器。装置中采用了 6 个 Pt100 铂热电阻温度传感器，分别用来检测锅炉内胆、锅炉夹套、盘管（有 3 个测试点）以及上水箱出口的水温。Pt100 测温范围为 -200~ +420℃。温度变送器可将温度信号转换成 4~20mA 直流电流信号。Pt100 传感器精度高，热补偿性较好。

（3）流量传感器、变送器。三个涡轮流量计分别用来对由电动调节阀控制的动力支路、由变频器控制的动力支路及盘管出口处的流量进行检测，其优点是测量精度高、反应快。采用标准二线制传输方式，工作时需提供 24V 直流电源。流量范围为 0~1.2m³/h；精度为 1.0%；输出为 4~20mA DC。

1.2.2.3 执行机构

（1）电动调节阀。采用智能直行程电动调节阀，用来对控制回路的流量进行调节。电动调节阀型号为 QSVP-16K，具有精度高、体积小、重量轻、推动力大、功能强、控制单元与电动执行机构一体化、可靠性高、操作方便等优点。工作电源为单相 220V，控制信号为 4~20mA DC 或 1~5V DC，输出为 4~20mA DC 的阀位信号，使用和校正非常方便。

（2）水泵。装置采用磁力驱动泵，型号为 16CQ-8P，流量为 30L/min，扬程为 8m，功率为 180W。泵体完全采用不锈钢材料，以防止生锈，使用寿命长。采用两台磁力驱动泵，一台为三相 380V 恒压驱动，另一台为三相变频 220V 输出驱动。

（3）电磁阀。装置中作为电动调节阀的旁路，起到阶跃干扰的作用。最小工作压力为 0MPa，最大工作压力为 1.0MPa；工作温度为 -5~80℃；工作电压为 AC 220V。

（4）三相电加热管。由三根 1kW 电加热管星形连接而成，用来对锅炉内胆内的水进行加温，每根加热管的电阻值约为 50Ω。

1.2.3 电控接口箱

控制对象接口箱分电源箱和信号接口箱。电源箱主要包含各种电源装置及电源分配开关、变频器、三相可控硅移相调压装置、液位继电器、中间继电器、交流接触器、防干烧功能块等强电装置；信号接口箱主要为各种弱电信号与 DCS 联结中间过渡箱，包括有各检测信号（压力、温度、流量）输出端子排、反馈信号（变频器频率反馈、电动调节阀阀位反馈）输出端子排、执行器（变频器、电动调节阀、调压模块、电动调节球阀）、控制信号输入端子排以及各开关量控制输入点端子排。电控箱面板如图 1-2 所示。

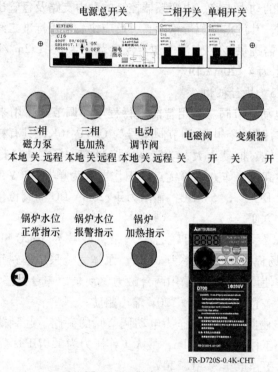

图 1-2   电控箱面板图

1.3   THJ-2 型 DCS 分布式过程控制系统实验平台

"THJ-2 型 DCS 分布式过程控制系统实验平台"主要由控制屏组件、DCS 分布式控制组件两部分组成。

1.3.1 控制屏组件

电源控制及 I/O 信号接口面板如图 1-3 所示。

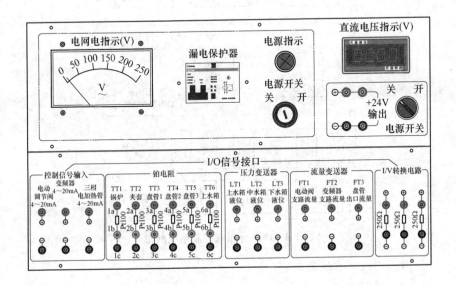

图 1-3 电源控制及 I/O 信号接口面板图

1.3.2 DCS 分布式控制组件

分布式控制系统（DCS），国内也称为集散控制系统，它的特点是将危险分散化，而监视、操作和管理集中化，因而具有很高可靠性和灵活性，是由北京和利时公司生产的，采用 ProfiBus-DP 现场总线技术对控制系统实现计算机监控的，具有可靠性高，适用性强等优点，是一个完善、经济、可靠的控制系统。系统包括一台操作员站兼工程师站、一台服务器、一台现场主控单元和三个挂件，即 FM148 现场总线远程 I/O 模块挂件、FM143 现场总线远程 I/O 模块挂件和 FM151 现场总线远程 I/O 模块挂件，其中 FM148 为 8 路模拟量输入模块，FM143 为 8 路热电阻输入模块，FM151 为 8 路模拟量输出模块。图 1-4 所示为系统结构图。

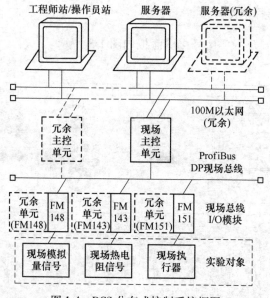

工程师站/操作员站　　服务器　　服务器(冗余)

100M以太网(冗余)

冗余主控单元

现场主控单元

ProfiBus DP现场总线

冗余单元(FM148)　FM148　冗余单元(FM143)　FM143　冗余单元(FM151)　FM151　现场总线I/O模块

现场模拟量信号　　现场热电阻信号　　现场执行器　　实验对象

图1-4　DCS分布式控制系统框图

1.3.2.1　系统简介

A　系统概述

利时公司的 MACSV 系统体系结构如图1-5所示。系统的网络由上到下分为监控网络、系统网络和控制网络三个层次，监控网络实现工程师站、操作员站、高级计算站与系统服务器的互联，系统网络实现现场控制站与系统服务器的互联，控制网络实现现场控制站与过程 I/O 单元的通讯。

一个大型系统可由多组服务器组成，由此将系统划分成多个域，每个域由独立的服务器、系统网络 SNET 和多个现场控制站组成，完成相对独立的采集和控制功能。有域名，域内数据单独组态和管理，域间数据可以重名。每个域可以共享监控网络和工程师站，操作员站和高级计算站等可通过域名登录到不同的域进行操作。

MACSV 系统具有数据采集、控制运算、闭环控制输出、设备和状态监视、报警监视、远程通信、实时数据处理和显示、历史数据管理、日志记录、事件顺序记录、事故追忆、图形显示、控制调节、报

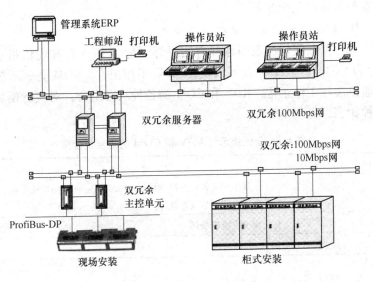

图 1-5　MACSV 系统配置图

表打印、高级计算、组态、调试、打印、下装、诊断等功能。

工程师站（ENS）

由高档微型计算机组成，具有系统数据库组态、设备组态、图形组态、控制语言组态、报表组态、事故库组态、离线查询、调试、下装等功能。

操作员站（OPS）

由微型计算机或 IPC 组成，具有流程图显示与操作、报警监视及确认、日志查询、趋势显示、参数列表显示控制调节、在线参数修改、报表打印等功能。

现场控制站（FCS）

由专用控制柜及控制软件组成，包括电源、主控单元、过程 I/O 单元、通信单元及控制网络等组件，可根据组态的数据库和算法完成数据采集与处理、控制和联锁运算、控制输出等任务。

系统服务器（SVR）

由微型计算机或服务器构成，完成实时数据库管理和存取、历史数据库管理和存取、文件存取服务、数据处理、系统装载等功能。系统服务器可双冗余配置。

B　I/O 模块的状态指示

每个 I/O 模块的前面板都有运行灯（标为 RDY）和通信指示灯（标为 COM）。RDY 亮表示模块的 CPU 工作正常，COM 亮表示模块的通讯芯片工作正常，RDY 和 COM 的各种状态组合，对应着模块的各种状态，见表 1-1。

表 1-1　面板指示灯 RDY 和 COM 的组合及含义

RDY	COM	含　义
闪	灭	模块工作正常，等待初始化或未得到正确的初始化数据，通信未建立或通信线路故障
灭	灭	未上电或模块坏
亮	亮	一切正常

C　I/O 模块的技术特点

采用 ProfiBus-DP 现场总线通信协议，通信速率达到 1.5Mbps。

支持带电插拔，在系统加电的情况下插拔模块，不会影响系统的正常运行，也不会损坏模块。

周期性的故障检测，定期检测模块自身 CPU 的工作状态。一旦 CPU 出现故障，在保证安全的前提下，WATCHDOG 电路可使模块复位。

1.3.2.2　硬件介绍

A　FM801 主控单元

a　原理

FM801 MACSV 主控单元为单元式模块化结构，具备较强的数据处理能力和网络通信能力，是 MACSV 系统现场控制站的核心单元，FM801 支持冗余的双网结构（以太网）。

通过以太网与 MACSV 系统的服务器相连，FM801 的 ProfiBus-DP 现场总线接口，与 MACSV 系统的 I/O 模块通信，主控单元自身为冗余设计，可以提高系统的可靠性。

b　结构

FM801 MACSV 主控单元主要由机架、底板、CPU 模块、电源模块组成，其结构和功能如图 1-6、表 1-2 所示。

图 1-6   主控单元结构图

表 1-2   主控单元功能表

POWER（绿灯）	"亮"表示主控单元电源有电
STANDBY（黄灯）	在双机系统中，"亮"表示主机，"灭"表示从机； 在单机系统中，该灯是"闪"状态
RUN（绿灯）	"亮"表示主控单元处于在线运行状态 "灭"表示主控单元处于离线状态
ERROR（红灯）	故障灯： 上电之后自动点"亮"，正常运行后该灯"灭" 从机从主机中复制工程文件的时候，该灯"闪"
SNET1（黄灯）	"亮"表示系统网 1（以太网）正在使用 "灭"表示系统网 1（以太网）没有使用
SNET2（黄灯）	"亮"表示系统网 2（以太网）正在使用 "灭"表示系统网 2（以太网）没有使用

续表 1-2

CNET（黄灯）	"亮"表示 DP 网通信正常 "灭"表示主控单元 DP 故障 "闪"表示 DP 网与模块没有正常通信；从机运行时该灯"闪"
RNET（黄灯）	"亮"表示双机（以太网）备份数据交换正常
RESET	复位键
BATTERY	数据保持电池 拨码置于 ON，表示 FM801 处于掉电保护状态 拨码置于 OFF，表示 FM801 不处于掉电保护状态

c 特点

（1）可靠、高效的控制站软件和智能 I/O 处理；

（2）主控单元低功耗，无需风扇；

（3）小型机架安装，每机架可冗余配置 2 块主控制器，可以配置 4~6 块均流冗余电源，供主控和 I/O 使用；

（4）每个机架可以分散安装；

（5）低功耗嵌入式主控芯片；

（6）1MB 带电池保护 SRAM；

（7）微内核高可靠实时操作系统；

（8）支持 IEC61131-3 五种标准组态语言；

（9）支持 ProfiBus-DP 现场总线；

（10）支持热插拔。

B FM148 模拟量输入模块

a 功能说明

FM148 是 8 路模拟大信号输入单元，是 MACSV 现场控制站的通用 I/O 模块中的一种。它采用智能的模块化结构，可以对 8 路模拟信号高精度转换，并通过 ProfiBus-DP 通信接口与主控单元交换数据。

FM148 的输入通道可接入电压型或电流型信号，8 路均有过压保护，还可为现场两线制仪表提供电源输入，其工作原理如图 1-7 所示。

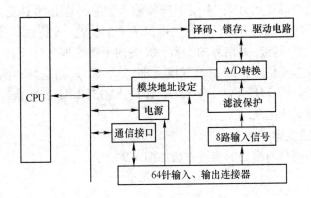

图 1-7 FM148 原理框图

b 端子说明

FM148 与 FM131 底座连接构成完整的 I/O 模块，通过底座的接线端子连接现场信号，模块的接线端的定义如图 1-8 所示。

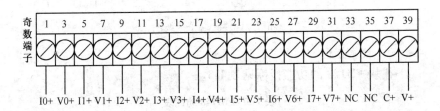

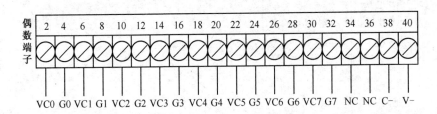

图 1-8 FM148 底座的接线端子信号定义

V+—模块供电电源的+24V；Gn—供电电源的地；

C+，C−—通信的正、负信号；

In+，In−—现场信号正负输入端（$n=0\sim7$）；

VCn—供电型信号的供电电源正端（$n=0\sim7$）；

模块内的拨码开关 J4 用于选择输入信号是电压型还是电流型。设备出厂时，拨码开关已设置为电流输入的位置。8 位拨码开关每一位用于选择该路输入信号的类型。开关向上拨（即"ON"）选择该路输入为电流信号，开关向下拨（即"OFF"）则选择该路输入为电压信号。当 FM148 与 FM131R-AI-I、FM131R-AI-U 冗余底座配用时，均设置成电压型。

　　c　接线图

现场信号与模块的连接方法如图 1-9 所示。

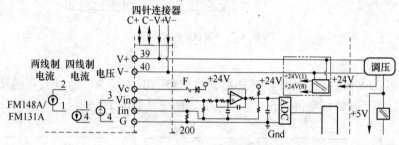

图 1-9　FM148 端子接线图

　　d　技术指标

模块 FM148 的功能指标见表 1-3。

表 1-3　FM148 功能表

模块电源	
供电电压	+24V DC±10%
电流消耗	最大 350mA（电压为+24V DC）
输入通道	
通道数	8 路
信号类型	4～20mA/0～10mA/0～5V/0～10V
转换精度	0.1%
共模抑制	优于 80dB
差模抑制	优于 40dB
过压保护	最大输入电压±40V DC

续表 1-3

外壳	宽×高×深 = 114mm×63mm×101mm
安装	遵循通用模块安装方法，与 FM131 模块连接
工作温度	0~45℃
存储湿度	5%~95% 相对湿度，不凝结
防护等级	IP40
防混销 位置	3

C 八路热电阻模拟量输入模块

a 功能说明

FM143 为 8 路模拟热电阻信号输入单元，是 MACSV 现场控制站的通用 I/O 模块中的一种。它采用智能的模块化结构，可以对 8 路 Cu50 型及 Pt100 型热电阻模拟信号高精度转换，并通过 ProfiBus-DP 通信接口与主控单元交换数据。

模块的工作原理如图 1-10 所示。

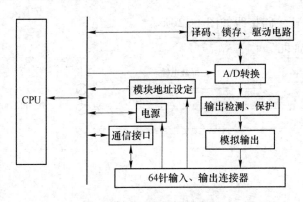

图 1-10 FM143 模块原理图

b 端子说明

FM143 模块与 FM131 底座相连构成完整的 I/O 单元，接线端子定义如图 1-11 所示。

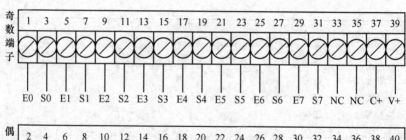

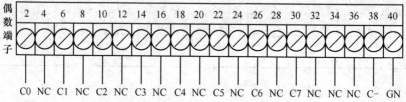

图 1-11　FM143 底座的接线端子信号定义

V+——模块供电电源的+24V；GN——供电电源的地；

C+，C——通信的正、负信号；

En，Sn，Cn——热电阻的 EXCITE、SENSE 和 COM 端（$n = 0 \sim 7$）；

NC——不用的端子

c　接线图

模出任一路接线如图 1-12 所示。

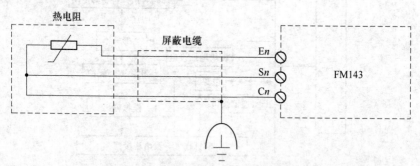

图 1-12　FM143 任意路输入信号的连接（$n = 0 \sim 7$）

d　技术指标

模块的技术指标见表 1-4。

传感器起始电阻是 50Ω，传感器的最大偏移值与模块的增益关系见表 1-5。

表 1-4　FM143 的技术指标

模块电源	
供电电压	+24V DC±10%
电流消耗	最大 250mA（电压为+24V DC）
输入通道	
通道数	8 路
信号类型	Cu50 型及 Pt100 型 RTD 热电阻传感器
转换精度	0.2%
共模抑制	优于 80dB
差模抑制	优于 40dB
过压保护	最大输入电压±40V DC
传感器起始电阻	50Ω
外壳	遵循通用模块的安装方法，与 FM131 模块连接
安装	宽×高×深＝114mm×63mm×101mm
工作温度	0~45℃
存储湿度	5%~95%相对湿度，不凝结
防护等级	IP40

表 1-5　电阻温度计的模型参数

类　型	量程/℃	增　益	对应电阻/Ω
Pt100	−125~824.5	8	50~383.03
	−125~278.7	16	50~204.5
	−125~63.5	32	50~124.57
Cu50	0~171.8	64	50~86.65
	0~85.2	128	50~68.7

D　FM151 八路模拟量输出模块

a　功能说明

FM151 模块是 8 路 4~20mA/0~20mA/0~24mA/0~5V 模拟信号输出单元，是构成 MACSV 现场总线控制系统的多种过程 I/O 单元中的一种基本型号。模块通过现场总线（ProfiBus-DP）与主控单元相连。由模块内的 CPU 对其进行处理，然后通过现场总线（ProfiBus-DP）与主控单元通信。

模块的原理框图如图 1-13 所示。

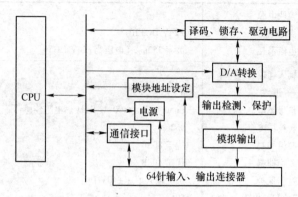

图 1-13　FM151 模块原理图

b　端子说明

FM151 模块与 FM131 底座相连构成完整的 I/O 单元，接线端子定义如图 1-14 所示。

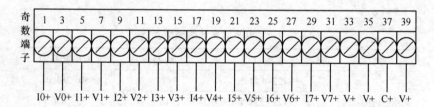

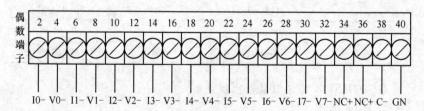

图 1-14　FM151 模块原理

V+——+24V 电源；GN——外接地；

C+，C-——通信的正、负信号；

In+，In-——电流信号正、负输出端（$n = 0 \sim 7$）；

Vn+，Vn-——电压信号正、负输出端（$n = 0 \sim 7$）；

NC+——未用端子

c　接线图

模出任一路接线如图 1-15 所示。

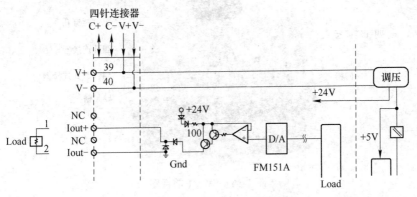

图 1-15　FM151 模出任一路接线图

d　技术指标

模块的技术指标见表 1-6。

表 1-6　FM151 的技术指标

模块电源	
供电电压	+24V DC±10%
电流消耗	最大 250mA（电压为+24V DC）
输出通道	
通道数	8 路
信号类型	4~20mA/0~20mA/0~24mA/0~5V
精度	0.2%
负载能力	750Ω/24V DC
外壳	宽×高×深＝114mm×63mm×101mm
安装	遵循通用模块的安装方法，与 FM131 模块连接
工作温度	0~45℃
存储湿度	5%~95%相对湿度，不凝结
防护等级	IP40
防混销位置	4

E　FM131 普通端子模块

a　外部结构

FM131 的外形如图 1-16 和图 1-17 所示。

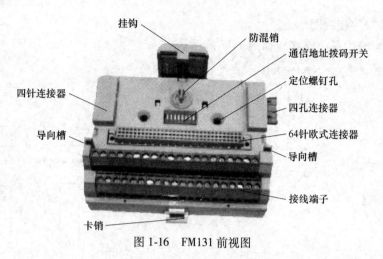

挂钩
防混销
通信地址拨码开关
定位螺钉孔
四针连接器
四孔连接器
导向槽
64针欧式连接器
导向槽
接线端子
卡销

图 1-16　FM131 前视图

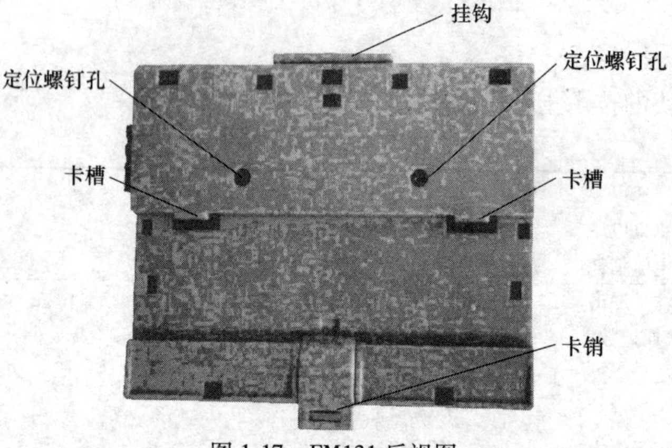

挂钩
定位螺钉孔
定位螺钉孔
卡槽
卡槽
卡销

图 1-17　FM131 后视图

b　功能特点

（1）安装灵活，可装于 35mm DIN 导轨，也可用螺钉固定于任意平面上；

（2）通用性好，能适应 MACSV 系统所有 I/O 模块；

（3）地址设置方便；

（4）具有较高的防错能力，设有防混销，能有效地防止与其他模块的错误连接；

（5）支持多个模块的级联。

c 防混销的设置

如图 1-18 所示,沿顺时针方向旋转底座上的防混销,使其指向正确的位置。底座上的防混销位置应与 I/O 模块上的防混销孔一致(图中示例的防混销位置为"2",相应 I/O 模块的防混销位置也应为"2")。

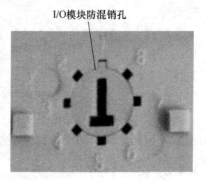

图 1-18 防混销位置的设定

d 地址拨码开关的设置

按照预定的模块通信地址的二进制值,设定底座上的 8 位拨码开关。当拨码开关的某位置于"ON"位置时,对应位的二进制值为"0";置于"OFF",则为"1",拨码开关的低位对应于模块地址二进制值的低位。第 8 位在冗余使用时有效。模块通信地址二进制位与拨码开关位置的对应关系如图 1-19 所示(图中拨码开关位置对应的模块通信地址为 120 或 0x78)。

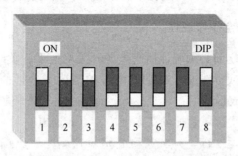

图 1-19 二进制位模块地址拨码开关

1.4　实验要求及安全操作规程

1.4.1　实验前的准备

实验前应了解实验目的、项目、方法与步骤，并按实验项目准备记录等。

了解实验装置中的对象、水泵、变频器和所用控制组件的名称、作用及其所在位置，以便于在实验中对它们进行操作和观察。熟悉实验装置面板图，做到由面板上的图形、文字符号能准确找到该设备的实际位置。熟悉工艺管道结构、每个手动阀门的位置及其作用。

认真作好实验前的准备工作，对于培养学生独立工作能力，提高实验质量和保护实验设备都是很重要的。

1.4.2　实验过程的基本程序

（1）明确实验任务；

（2）提出实验方案；

（3）画实验接线图；

（4）进行实验操作，做好观测和记录；

（5）整理实验数据，得出结论，撰写实验报告。

在进行本书中的综合实验时，上述程序应尽量让学生独立完成，老师给予必要的指导，以培养学生的实际动手能力，要做好各主题实验，做到实验前有准备，实验中有条理，实验后有分析。

1.4.3　实验安全操作规程

（1）实验之前必须确保所有电源开关均处于"关"的位置。

（2）接线或拆线必须在切断电源的情况下进行，接线时要注意电源极性。完成接线后，正式投入运行之前，应严格检查安装、接线是否正确，并请指导老师确认无误后，方能通电。

（3）在投运之前，须先检查管道及阀门是否已按实验指导书的要求打开，储水箱中是否充水至2/3以上，以保证磁力驱动泵中充满水。磁力驱动泵无水空转易造成水泵损坏。

（4）在进行温度试验前，请先检查锅炉内胆内水位，至少保证水位超过液位指示玻璃管上面的红线位置，无水空烧易造成电加热管烧坏。

（5）实验之前应进行变送器零位和量程的调整，调整时应注意电位器的调节方向，并分清调零电位器和满量程电位器。

（6）仪表应通电预热 15min 后再进行校验。

（7）小心操作，切勿乱扳硬拧，严防损坏仪表。

2　被控对象特性测试

建立被控对象数学模型常用下列两种方法。一种是分析法，即根据过程的机理，物料或能量平衡关系求得它的数学模型；另一种是实验确定方法。本章主要介绍根据被控对象对典型输入信号的响应确定数学模型的方法。由于此法较简单，因而在过程控制中得到了广泛应用。

2.1　单容水箱特性的测试

2.1.1　实验目的

（1）掌握单容水箱阶跃响应的测试方法，并记录相应液位的响应曲线；

（2）根据实验得到的液位阶跃响应曲线，用相关方法确定被测对象的特征参数 T 和传递函数。

2.1.2　实验设备

（1）THJ-3 型高级过程控制对象系统实验装置；

（2）THJ-2 型 DCS 分布式过程控制系统；

（3）计算机一台、以太网交换机一个、网线两根；

（4）SA-31 挂件、SA-32 挂件、SA-33 挂件、主控单元各一个；

（5）万用电表一只。

2.1.3　实验原理

由图 2-1 可知，对象的被控制量为水箱的液位 H，控制量（输入量）是流入水箱中的流量 Q_1，手动阀 V_1 和 V_2 的开度都为定值，Q_2 为水箱中流出的流量。根据物料平衡关系，在平衡状态时有

$$Q_{10} - Q_{20} = 0 \tag{2-1}$$

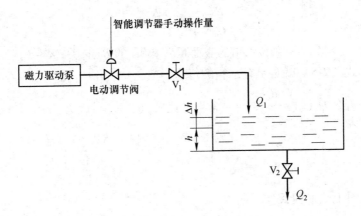

图 2-1 单容水箱特性测试结构图

动态时，则有

$$Q_1 - Q_2 = \frac{\mathrm{d}V}{\mathrm{d}t} \qquad (2\text{-}2)$$

式中 V——水箱的储水容积；

$\frac{\mathrm{d}V}{\mathrm{d}t}$——水储存量的变化率，它与 H 的关系为

$$\mathrm{d}V = A\mathrm{d}h, \quad 即 \frac{\mathrm{d}V}{\mathrm{d}t} = A\frac{\mathrm{d}h}{\mathrm{d}t} \qquad (2\text{-}3)$$

式中 A——水箱的底面积。

把式（2-3）代入式（2-2）得

$$Q_1 - Q_2 = A\frac{\mathrm{d}h}{\mathrm{d}t} \qquad (2\text{-}4)$$

基于 $Q_2 = \dfrac{h}{R_\mathrm{s}}$，$R_\mathrm{s}$ 为阀 V_2 的液阻，则式（2-4）可改写为

$$Q_1 - \frac{h}{R_\mathrm{s}} = A\frac{\mathrm{d}h}{\mathrm{d}t}$$

即

$$AR_\mathrm{s}\frac{\mathrm{d}h}{\mathrm{d}t} + h = KQ_1$$

或

$$\frac{H(s)}{Q_1(s)} = \frac{K}{Ts + 1} \tag{2-5}$$

式中，$T = AR_s$，它与水箱的底面积 A 和 V_2 的 R_s 有关；$K = R_s$。

式（2-5）就是单容水箱的传递函数。

若令 $Q_1(s) = \dfrac{R_0}{s}$，$R_0 = $ 常数，则式（2-5）可改为

$$H(s) = \frac{K/T}{s + \dfrac{1}{T}} \times \frac{R_0}{s} = K\frac{R_0}{s} - \frac{KR_0}{s + \dfrac{1}{T}}$$

对上式取拉氏反变换得

$$h(t) = KR_0(1 - e^{-t/T}) \tag{2-6}$$

当 $t \to \infty$ 时，$h(\infty) = KR_0$，有

$$K = h(\infty)/R_0 = 输出稳态值/阶跃输入$$

当 $t = T$ 时，则有

$$h(T) = KR_0(1 - e^{-1}) = 0.632KR_0 = 0.632h(\infty)$$

式（2-6）表示一阶惯性环节的响应曲线是一单调上升的指数函数，如图 2-2 所示。当由实验求得图 2-2 所示的阶跃响应曲线后，该曲线上升到稳态值的 63% 所对应的时间，就是水箱的时间常数 T。该时间常数 T 也可以通过坐标原点对响应曲线作切线，切线与稳态值交点所对应的时间就是时间常数 T，由响应曲线求得 K 和 T 后，就能求得单容水箱的传递函数。如果对象的阶跃响应曲线为图 2-3，则在此曲线的拐点 D 处作一切线，它与时间轴交于 B 点，与响应稳态值的渐近线交于 A 点。图中 OB 即为对象的滞后时间 τ，BC 为对象的时间常数 T，所得的传递函数为

$$H(s) = \frac{Ke^{-\tau s}}{1 + Ts}$$

2.1.4　实验内容与步骤

（1）按图 2-1 接好实验线路，并把阀 V_1 和 V_2 开至某一开度，且使 V_1 的开度大于 V_2 的开度；

（2）接通总电源和相关的仪表电源，并启动磁力驱动泵；

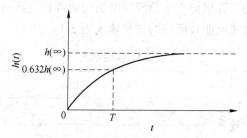

图 2-2 单容水箱的单调上升指数曲线

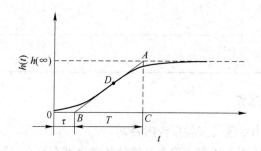

图 2-3 单容水箱的阶跃响应曲线

（3）把调节器设置于手动操作位置，通过调节器增/减的操作改变其输出量的大小，使水箱的液位处于某一平衡位置；

（4）手动操作调节器，使其输出有一个正（或负）阶跃增量的变化（此增量不宜过大，以免水箱中水溢出），于是水箱的液位便离开原平衡状态，经过一定的调节时间后，水箱的液位进入新的平衡状态，如图 2-4 所示；

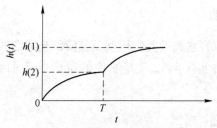

图 2-4 单容箱特性响应曲线

（5）启动计算机记下水箱液位的历史曲线和阶跃响应曲线；

（6）把由实验曲线所得的结果填入表 2-1。

表 2-1　实验结果

测量值＼参数	液位 h		
	K	T	τ
正向输入			
负向输入			
平均值			

2.1.5　实验报告

（1）写出常规的实验报告内容；

（2）分析用上述方法建立对象的数学模型有什么局限性。

思考题

（1）实验时为什么不能任意改变出水口阀开度的大小?

（2）用响应曲线法确定对象的数学模型时，其精度与哪些因素有关?

2.2　双容水箱特性的测试

2.2.1　实验目的

（1）熟悉双容水箱的数学模型及其阶跃响应曲线；

（2）根据由实际测得双容液位的阶跃响应曲线，确定其传递函数。

2.2.2　实验设备

实验设备同 2.1.2 节。

2.2.3 原理说明

由图 2-5 所示，被控对象由两个水箱串联连接，由于有两个储水的容体，故称其为双容对象。被控制量是下水箱的液位，当输入量有一阶跃增量变化时，两水箱的液位变化曲线如图 2-6 所示。图中上水箱液位的响应曲线为单调的指数函数（见图 2-6（a）），而下水箱液位的响应曲线则呈 S 形（见图 2-6（b））。显然，多了一个水箱，液位响应就更加滞后。

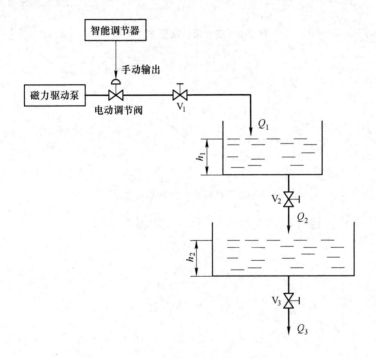

图 2-5 双容水箱对象特性结构图

由 S 形曲线的拐点 P 处作一切线，它与时间轴的交点为 A，0A 表示对象响应的滞后时间（图 2-7）。至于双容对象两个惯性环节的时间常数，可按下述方法来确定。

在图 2-7 所示的阶跃响应曲线上求取：

（1）$h_2(t)\mid_{t=t_1=0.4\,h_2(\infty)}$ 时曲线上的点 B 和对应的时间 t_1；

（2）$h_2(t)\mid_{t=t_2=0.8\,h_2(\infty)}$ 时曲线上的点 C 和对应的时间 t_2。

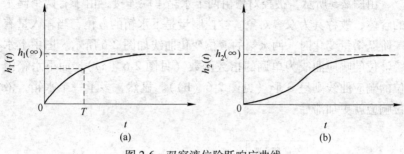

图 2-6 双容液位阶跃响应曲线

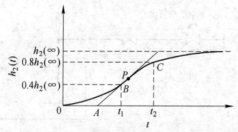

图 2-7 双容液位阶跃响应曲线

然后，利用下面的近似公式计算式解出 T_1 和 T_2

$$K = \frac{h_2(\infty)}{R_0}$$

$$T_1 + T_2 \approx \frac{t_1 + t_2}{2.16}$$

$$\frac{T_1 T_2}{(T_1 + T_2)^2} \approx (1.74\,\frac{t_1}{t_2} - 0.55)\qquad 0.32 < t_1/t_2 < 0.46$$

最终求得双容（二阶）对象的传递函数为

$$G(s) = \frac{K}{(T_1 s + 1)(T_2 s + 1)}\mathrm{e}^{-\tau s}$$

2.2.4 实验内容与步骤

（1）接通总电源和相关仪表的电源；

（2）接好实验线路，打开手动阀，并使它们的开度满足

$$V_1 的开度 > V_2 的开度 > V_3 的开度$$

（3）把调节器设置于手动位置，按调节器的增/减按钮改变其手动输出值，使下水箱的液位处于某一平衡位置（一般为水箱的中间位置）；

（4）按调节器的增/减按钮，突增/减调节器的手动输出量，使下水箱的液位由原平衡状态开始变化，经过一定的调节时间后，液位 h_2 进入另一个平衡状态；

（5）上述实验用计算机实时记录 h_2 的历史曲线和在阶跃扰动后的响应曲线；

（6）对计算机作出的实验曲线进行分析处理，并把结果填入表2-2。

表2-2 实验结果

参数 测量值	液位 h			
	K	T_1	T_2	τ
正向输入				
负向输入				
平均值				

2.2.5 实验报告

（1）完成常规实验报告内容；

（2）对实验的数据进行分析。

思考题

（1）实验中，为什么对出水阀不能任意改变其开度？

（2）引起双容对象的滞后特性是什么？

2.3 锅炉内胆特性的测试

2.3.1 实验目的

（1）了解锅炉内胆温度特性测试系统的组成；

（2）掌握锅炉内胆温度特性的测试方法。

2.3.2　实验设备

实验设备同2.1.2节。

2.3.3　实验原理

2.3.3.1　锅炉夹套不加冷却水

锅炉内胆加满水，手动操作调节器的输出，使可控整流电源的输出电压为100V左右。此电压加在加热管两端，内胆中的水温因之而逐渐上升。根据热平衡的原理，当内胆中的水温上升到某一值时，水的吸热和放热作用完全相等，从而使内胆中的水温达到一平衡状态。

由热力学原理可知，锅炉内胆水温的动态变化过程可用一阶常微分方程来描述，即其数学模型为一阶惯性环节。

2.3.3.2　锅炉夹套加冷却水

当锅炉夹套中注满冷却水时，相当于改变了锅炉内胆环境的温度，使其散热作用增强。显然，在这种状况下，如果用与夹套无水时同样大小的可控电压去加热，在平衡状态时，内胆的水温必然要低于前者。如果要使内胆的水温达到夹套无水时相同的值，则需要提高可控硅的整流电压。

2.3.4　实验内容与步骤

（1）按图2-8所示的结构图，完成实验系统的接线；

（2）接通总电源和相关仪表的电源；

（3）开启手动阀，使锅炉内胆注满水，手动操作调节器的输出，使可控整流电源的输出电压为80V左右；

（4）启动计算机，实时记录锅炉内胆水温的响应过程；

（5）把内胆中已加热的水通过出水阀放掉，重新注满冷水；并通过阀F1-12在夹套中注入冷却水。手动操作调节器的输出，使可控整流电源的输出电压与步骤（3）的电压输出值同样大小；然后启动计算机，实时记录内胆中水温的变化过程。

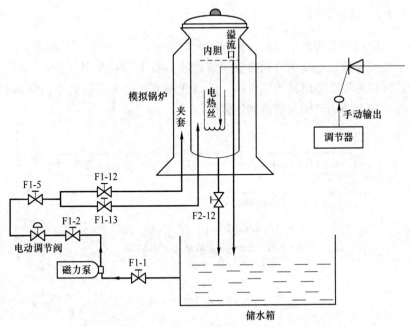

图 2-8   锅炉内胆温度特性实验结构示意图

2.3.5   实验报告

（1）按常规内容写好实验报告；

（2）对计算机在两种不同条件下测得的内胆温度变化曲线进行分析比较。

2.4   电动调节阀流量特性的测试

2.4.1   实验目的

（1）了解电动调节阀的结构与工作原理；

（2）通过实验，进一步了解电动调节阀流量的特性。

2.4.2   实验设备

实验设备同 2.1.2 节。

2.4.3　实验原理

　　电动调节阀包括执行机构和阀两个部分，是过程控制系统中的一个重要环节。电动调节阀接收调节器输出的 4~20mA DC 信号，并将其转换为相应输出轴的角位移，以改变阀节流面积 S 的大小。图 2-9 所示为电动调节阀与管道的连接图。

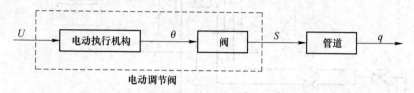

图 2-9　电动调节阀与管道的连接图

U—来自调节器的控制信号（4~20mA DC）；

θ—阀的相对开度；

S—阀的截流面积；

q—液体的流量

　　由过程控制仪表的原理可知，阀的开度 θ 与控制信号的静态关系是线性的，而开度 θ 与流量 Q 的关系是非线性的。图 2-10 所示为实验结构示意图。

2.4.4　实验内容与步骤

　　（1）按图 2-10 所示的实验结构示意图完成实验系统的接线；

　　（2）接通总电源和相关仪表的电源，并把手动阀置于一定的开度；

　　（3）把调节器置于手动状态，并使其输出相应于电动阀开度的 10%、20%、…、100%，分别记录不同状态下调节器的输出电流和相应的流量；

　　（4）由电流 I 作横坐标，流量 Q 作纵坐标，画出 $Q = F(I)$ 的曲线。

2.4.5　实验报告

　　（1）完成常规的实验报告内容；

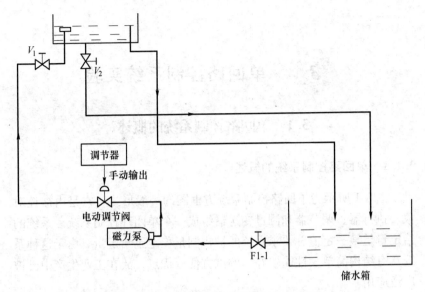

图 2-10　电动调节阀特性实验结构示意图

（2）根据所画出的曲线，判别该电动阀的阀体是快开特性、等百分比特性还是慢开特性。

3 单回路控制系统实验

3.1 单回路控制系统的概述

3.1.1 单回路控制系统的概述

图 3-1 所示为单回路控制系统方框图的一般形式，它是由被控对象、执行器、调节器和测量变送器组成一个单闭环控制系统。系统的给定量是某一定值，要求系统的被控制量稳定至给定量。由于这种系统具有结构简单、性能较好、调试方便等优点，故在工业生产中已被广泛应用。

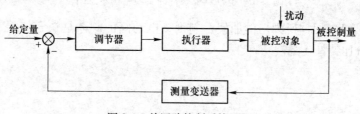

图 3-1 单回路控制系统原理

3.1.2 干扰对系统性能的影响

3.1.2.1 干扰通道的放大系数、时间常数及纯滞后对系统的影响

干扰通道的放大系数 K_f 会影响干扰加在系统中的幅值。若系统是有差系统，则干扰通道放大系数愈大，系统的静差也就愈大。

如果干扰通道是一惯性环节，令时间常数为 T_f，则阶跃扰动通过惯性环节后，其过渡过程的动态分量被滤波使幅值变小。即时间常数 T_f 越大，系统的动态偏差就愈小。

通常干扰通道中还会有纯滞后环节，它使被调参数的响应时间滞

后一个 τ 值，但不会影响系统的调节质量。

3.1.2.2 干扰进入系统中的不同位置

复杂的生产过程往往有多个干扰量，如图 3-2 所示。控制理论证明，同一形式大小相同的扰动出现于系统中不同的位置所产生的静差是不一样的。对扰动产生影响的仅是扰动作用点前的那些环节。

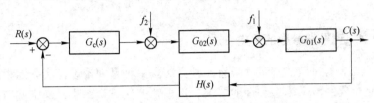

图 3-2　扰动作用于不同位置的控制系统

3.1.3　控制规律的确定

选择系统调节规律的目的，是使调节器与调节对象能很好地匹配，使组成的控制系统能满足工艺上所提出的动态、静态性能指标的要求。

3.1.3.1　比例（P）调节

纯比例调节器是一种最简单的调节器，它对控制作用和扰动作用的响应都很快速。由于比例调节只有一个参数，所以整定很方便。这种调节器的主要缺点是系统有静差存在。

3.1.3.2　比例积分（PI）调节

PI 调节器的积分部分能使系统的类型数提高，有利于消除静差，但它又使 PI 调节器的相位滞后量减小，系统的稳定性变差，其传递函数为

$$G(s) = K_{\mathrm{p}}\left(1 + \frac{1}{T_{\mathrm{I}}s}\right) \tag{3-1}$$

这种调节器在过程控制中应用最多。

3.1.3.3　比例微分（PD）调节

这种调节器由于有微分的作用，能增加系统的稳定度，比例系数的增大能加快系统的调节过程，减小动态和静态误差，但微分不能过大，以利于抗高频干扰。PD 调节器的传递函数为

$$G_c(s) = K_P(1 + T_D s) \tag{3-2}$$

3.1.3.4　比例微分积分（PID）调节器

PID 是常规调节器中性能最好的一种调节器。由于它具有各类调节器的优点，因而使系统具有更高的控制质量。它的传递函数为

$$G_c(s) = K_P\left(1 + \frac{1}{T_I s} + T_D s\right) \tag{3-3}$$

3.1.4　调节器参数的整定方法

调节器参数的整定一般有两种方法。一种是理论设计法，即根据广义对象的数学模型和性能要求，用根轨迹法或频率法来确定调节器的相关参数；另一种是工程实验法，通过对典型输入响应曲线所得到的特征量，查照经验表，求得调节器的相关参数。

工程实验整定法有以下四种。

3.1.4.1　经验法

若将控制系统按液位、流量、温度和压力等参数进行分类，则属于同一类别的系统其对象往往比较接近，所以无论是控制器形式还是所整定的参数均可相互参考。表 3-1 为经验法整定参数的参考数据，在此基础上，对调节器的参数作进一步修正。若需加微分作用，微分时间常数按 $T_D = (1/3 \sim 1/4)T_I$ 计算。

表 3-1　经验法整定调节器参数

系　统	参　　　数		
	$\delta/\%$	T_I/min	T_D/min
温度	20~60	3~10	0.5~3
流量	40~100	0.1~1	
压力	30~70	0.4~3	
液位	20~80		

3.1.4.2　临界比例度法

临界比例度整定方法是在闭环情况下进行的。设 $T_I = \infty$，$T_D = 0$，使调节器工作在纯比例情况下，将比例度由大逐渐变小，使系统的输出响应呈现等幅振荡，如图 3-3 所示。根据临界比例度 δ_s 和振荡

周期 T_s，按表 3-2 所列的经验算式，求取调节器的参数数值，这种整定方法是以得到 4∶1 衰减为目标的。

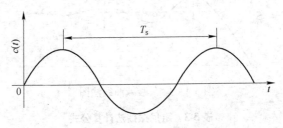

图 3-3 具有周期 T_s 的等幅振荡

表 3-2 临界比例度法整定调节器参数

调节器名称	调节器参数		
	δ_s	T_I	T_D
P	$2\delta_s$		
PI	$2.2\delta_s$	$T_s/1.2$	
PID	$1.6\delta_s$	$0.5T_s$	$0.125T_s$

临界比例度法的优点是应用简单方便。但此法有一定限制：从工艺上看，允许受控变量能承受等幅振荡的波动，其次是受控对象应是二阶和二阶以上或具有纯滞后的一阶以上环节，否则在比例控制下，系统是不会出现等幅振荡的。在求取等幅振荡曲线时，应特别注意控制阀出现开、关的极端状态。

3.1.4.3 阻尼振荡法（衰减曲线法）

在闭环系统中，先把调节器设置为纯比例作用，然后把比例度由大逐渐减小，加阶跃扰动观察输出响应的衰减过程，直至出现图 3-4 所示的 4∶1 衰减过程为止。这时的比例度称为 4∶1 衰减比例度，用 δ_s 表示。相邻两波峰间的距离称为 4∶1 衰减周期 T_s。根据 δ_s 和 T_s，运用表 3-3 所示的经验公式，就可计算出调节器预整定的参数值。

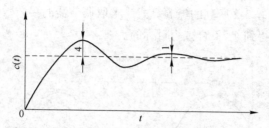

图 3-4   4：1 衰减曲线法图形

表 3-3   阻尼振荡法计算公式

调节器名称	调节器参数		
	$\delta/\%$	T_I	T_D
P	δ_s		
PI	$1.2\delta_s$	$0.5T_s$	
PID	$0.8\delta_s$	$0.3T_s$	$0.1T_s$

3.1.4.4   反应曲线法

如果被控对象是一阶惯性环节，或具有很小滞后的一阶惯性环节，采用临界比例度法或阻尼振荡法（4：1 衰减）就有难度。对于这种情况，可采用下述的反应曲线法来整定调节器的参数。图 3-5 所示为实验系统的方框图。

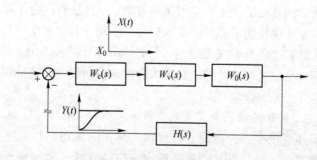

图 3-5   实验系统方框图

令调节器的输出 $X(t)$ 为阶跃信号，则对象经测量变送器后的输出 $Y(t)$ 如图 3-6 所示。由该图可确定 τ、T 和 K，其中 K 按式（3-4）确定

$$K = \frac{y(\infty) - y(0)}{x_0} \qquad (3\text{-}4)$$

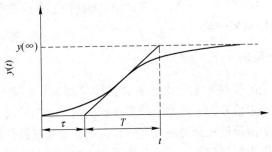

图 3-6　阶跃响应曲线

根据所求的 K、T 和 τ，利用表 3-4 所示的经验公式，就可计算出对应于衰减率为 4∶1 时调节器的相关参数。

表 3-4　经验计算公式

调节器名称	调节器参数		
	$\delta/\%$	T_I	T_D
P	$\frac{K\tau}{T} \times 100\%$		
PI	$1.1\frac{K\tau}{T} \times 100\%$	3.3τ	
PID	$0.85\frac{K\tau}{T} \times 100\%$	2τ	0.5τ

3.2　上水箱（中水箱或下水箱）液位定值控制系统

3.2.1　实验目的

（1）了解单闭环液位控制系统的结构与组成；

（2）掌握单闭环液位控制系统调节器的参数整定；

（3）研究调节器相关参数的变化对系统动态性能的影响。

3.2.2　实验设备

（1）THJ-3 型高级过程控制对象系统实验装置；

（2）THJ-2 型 DCS 分布式过程控制系统；

（3）计算机一台、以太网交换机一个、网线两根；

（4）SA-31 挂件、SA-32 挂件、SA-33 挂件、主控单元各一个；

（5）万用电表一只。

3.2.3　实验原理

实验系统的被控对象为上水箱，其液位高度作为系统的被控制量。系统的给定信号为一定值，要求被控制量上水箱的液位在稳态时等于给定值。由反馈控制的原理可知，应把上水箱的液位经传感器检测后的信号作为反馈信号。图 3-7 所示为实验系统的结构图，图 3-8 所示为控制系统的方框图。为了实现系统在阶跃给定和阶跃扰动作用下无静差，系统的调节器应为 PI 或 PID。

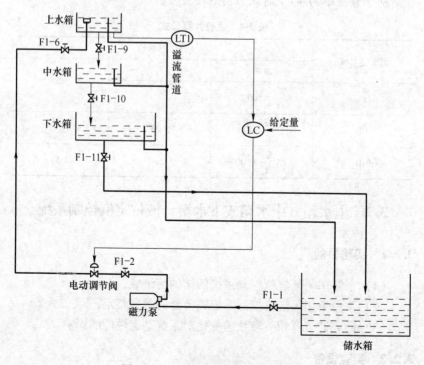

图 3-7　上水箱液位定值控制结构图

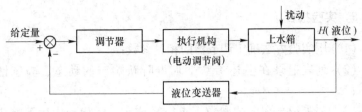

图 3-8　上水箱液位定值控制方框

3.2.4　实验内容与步骤

（1）按图 3-7 要求完成系统的接线。

（2）接通总电源和相关仪表的电源。

（3）打开阀 F1-1、F1-2 和 F1-6，阀 F1-9 的开度开至 50%左右。

（4）打开上位机 MACSV 组态环境，选择"智能仪表控制系统"工程，然后进入 MACSV 运行环境，在主菜单中点击"实验三　单容液位定值控制系统"，进入"实验三"的监控界面。

（5）在上位机监控界面中点击"启动仪表"。将智能仪表设置为"手动"，并将设定值和输出值设置为一个合适的值，此操作可通过调节仪表实现。

（6）合上三相电源空气开关，磁力驱动泵上电打水，适当增加/减少智能仪表的输出量，使上水箱的液位平衡于设定值。

（7）按 3.1 节中的经验法或动态特性参数法整定调节器参数，选择不同的比例度 δ 值，控制系统阶跃响应曲线的质量指标（余差、衰减率、最大偏差、过渡时间）。

（8）待液位稳定于给定值后，将调节器切换到"自动"控制状态，待液位平衡后，通过以下几种方式加干扰：

1）当系统稳定运行后，突加阶跃扰动（将给定量增加 5% ~ 15%），观察并记录系统的输出响应曲线；

2）待系统进入稳态后，适量改变阀 F1-6 的开度，以作为系统的扰动，观察并记录在阶跃扰动作用下液位的变化过程。

（9）适量改变 PI 的参数，用计算机记录不同参数时系统的响应曲线。

3.2.5　实验报告

（1）用实验方法确定调节器的相关参数；

（2）列表记录在上述参数下求得阶跃响应的动态、静态性能指标；

（3）列表记录在上述参数下求得系统在阶跃扰动作用下响应曲线的动态、静态性能指标；

（4）变比例度 δ 和积分时间 T_I 对系统的性能产生什么影响？

3.3　双容水箱液位定值控制系统

3.3.1　实验目的

（1）通过实验，进一步了解双容对象的特性；

（2）掌握调节器参数的整定与投运方法；

（3）研究调节器相关参数的改变对系统动态性能的影响。

3.3.2　实验设备

实验设备同 3.2.2 节。

3.3.3　实验原理

实验系统以中水箱与下水箱为被控对象，下水箱的液位高度为系统的被控制量。

基于系统的给定量是一定值，要求被控制量在稳态时等于给定量所要求的值，所以调节器的控制规律为 PI 或 PID。系统的执行元件既可采用电动调节阀，也可用变频调速磁力泵。如果采用电动调节阀作执行元件，则变频调速磁力泵支路中的手控阀 F2-4 或 F2-5 打开时可分别作为中水箱或下水箱的扰动。图 3-9 所示为实验系统的结构图，图 3-10 所示为控制系统的方框图。

3.3.4　实验内容与步骤

（1）如图 3-9 所示完成实验系统的接线；

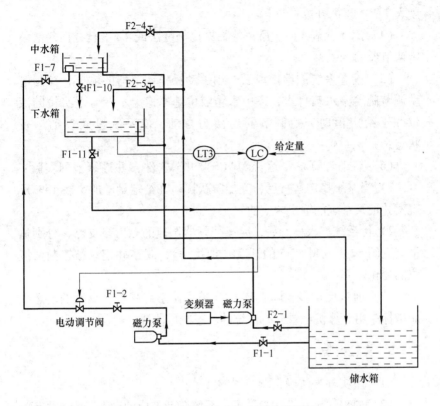

图 3-9 双容液位定值控制系统结构图

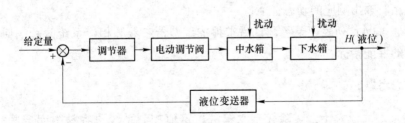

图 3-10 双容液位定值控制系统方框图

（2）接通总电源和相关仪表的电源；

（3）打开阀 F1-1、F1-2、F1-7、F1-10 和 F1-11，且使 F1-10 的开

度大于 F1-11 的开度；

（4）用 3.1 节实验中所述的临界比例度法或 4∶1 衰减振荡法整定调节器的相关参数；

（5）设置系统的给定值后，用手动操作调节器的输出，控制电动调节阀给中水箱打水，待中水箱液位基本稳定不变且下水箱的液位等于给定值时，把调节器切换为自动，使系统投入自动运行状态；

（6）启动计算机，运行 MACSV 组态软件，并进行下列实验：

1）当系统稳定运行后，突加阶跃扰动（给定量增加 5%~15%），观察并记录系统的输出响应曲线；

2）待系统进入稳态后，启运变频器调速的磁力泵支路，分别适量改变阀 F2-4 或阀 F2-5 的开度（加扰动），观察并记录被控制量液位的变化过程；

（7）通过反复多次调节 PI 的参数，使系统具有较满意的动态性能指标。用计算机记录此时系统的动态响应曲线。

3.3.5　实验报告

（1）用实验方法确定调节器的参数；

（2）列表记录在上述参数下，系统阶跃响应的动态、静态性能；

（3）列表记录在上述参数下，系统在扰动作用于中水箱或下水箱时输出响应的动态性能；

（4）列表记录经调试后求得的调节器参数和相应系统阶跃响应的性能指标。

思考题

（1）为什么实验较上水箱液位定值控制系统更容易引起振荡？如果达到同样的动态性能指标，为什么实验中调节器的比例度和积分时间常数均要比前两个实验大？

（2）试说出下水箱的时间常数比中水箱时间常数大的原因。

3.4 三容水箱液位定值控制系统

3.4.1 实验目的

（1）了解三容串接液位定值控制系统的结构组成；

（2）通过实验掌握三容单回路系统调节器参数的整定和系统的投运方法；

（3）研究调节器相关参数的变化对系统动态性能的影响。

3.4.2 实验设备

实验设备同 3.2.2 节。

3.4.3 实验原理

图 3-11 所示为实验系统的结构图，图 3-12 所示为该系统的方框图。图中由上、中、下三个水箱串联组成系统的被控对象，它的传递函数由时间常数不同的三个惯性环节来描述，系统的被控制量是下水箱的液位高度。基于系统的给定量是定值，要求在稳态时，被控制量等于给定量所要求的值，因而调节器的控制规律应为 PI 或 PID。

为了在实验时能满足下水箱液位达到设定的高度，要求三只水箱放水阀间的开度必须满足下列关系

$$F1-9 \text{ 开度} > F1-10 \text{ 开度} > F1-11 \text{ 开度} \tag{3-5}$$

这样，当系统运行于稳态时，三个水箱液位高度间关系必然会满足下列的不等式

$$\text{下水箱液位} > \text{中水箱液位} > \text{上水箱液位} \tag{3-6}$$

即满足上述的不等式关系后，系统在稳态时才会出现流量的平衡关系：$Q_1 = Q_2 = Q_3 = Q_4$。

3.4.4 实验内容与步骤

（1）按图 3-11 要求完成实验系统的接线。

（2）接通总电源和相关仪表的电源。

（3）打开阀 F1-1、F1-2、F1-6、F1-9、F1-10 和 F1-11。其中 3 只

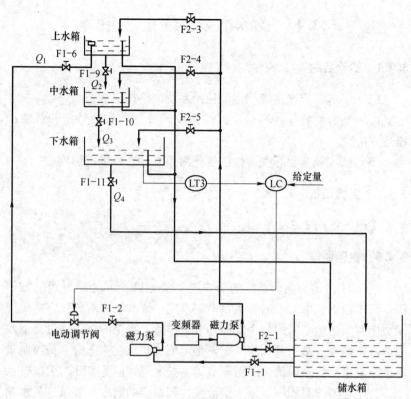

图 3-11   三容液位定值控制系统结构图

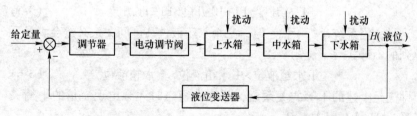

图 3-12   三容液位定值控制系统方框图

放水阀间的开度必须满足式（3-5）要求。

（4）用临界比例度法或 4：1 阻尼振荡法，整定调节器的相关参数。

（5）设置系统的给定值后，用手操作调节器的输出，以控制 3

只水箱液位的高度。当下水箱的液位等于给定值，且上、中水箱的液位基本不变时，把调节器由手动切换为自动，使系统进入自动运行状态。

（6）开启计算机，运行 MACSV 组态软件，进行下列实验：

1）当系统进入稳态后，突变给定量（其增量一般取给定值的 10% 左右），观察并记录系统在给定增量作用的动态响应曲线；

2）启动变频器调速的磁力泵支路，分别适量开启阀 F2-3 或 F2-4 或 F2-5 的开度（开度同样大小）作为扰动，观察并记录下水箱液位的变化过程；

3）通过多次反复改变调节器的比例度 δ 和积分时间常数 T_1 的大小，使系统具有最佳的动态性能，记录此时调节器的参数和系统被控制量的响应曲线。

3.4.5 实验报告

（1）用实验方法确定调节器的参数，画出所得的波形，并标上相应的参数值。

（2）列表记录在所整定的参数下，系统阶跃响应的动态、静态性能。

（3）列表记录在所整定的参数下，阶跃扰动作用在系统不同位置时，被控制量响应的动态性能。

（4）列表记录经调试后求得的调节器参数和相应系统阶跃响应的性能指标。

思考题

（1）为什么对三只水箱的出水阀开度大小要求不同？

（2）如果在相同阶跃信号作用下，系统的被控制量具有完全相同的动态性能指标，实验中所取调节器的比例度和积分时间常数的大小与以上实验有何不同？

3.5 锅炉内胆静态水温定值控制系统

3.5.1 实验目的

（1）了解单回路温度控制系统的组成与工作原理。

（2）研究 P、PI、PD 和 PID 四种调节器分别对温度系统的控制作用。

（3）了解 PID 参数自整定的方法及参数整定在整个系统中的重要性。

3.5.2　实验设备

实验设备同 3.2.2 节。

3.5.3　实验原理

图 3-13 和图 3-14 所示分别为锅炉内胆水温定值控制系统的结构示意图和系统方框图。模拟锅炉的内胆主要是模拟工业生产过程中的实际锅炉的加热容器，其控制任务就是在电加热丝不断加热的过程中保持锅炉内胆的水温不变，即控制锅炉内胆水温等于给定值；但实验

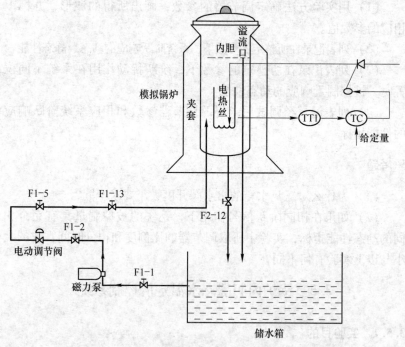

图 3-13　锅炉内胆静态水温控制系统的结构示意图

进行前必须先通过电动调节阀支路给锅炉内胆打水，当水位上升至适当高度才开始加热，并在加热过程中不再加水。系统采用的调节器为工业上常用 AI 智能调节仪。

锅炉内胆水温的定值控制系统中，其参数的整定方法与其他单回路控制系统一样，但由于加热过程容量时延较大，所以其控制过渡时间也较长。

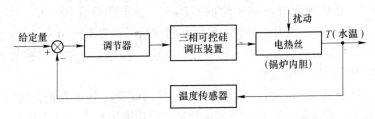

图 3-14　锅炉内胆静态水温控制系统的方框图

3.5.4　实验内容与步骤

（1）按图 3-13 要求完成实验系统的接线；

（2）接通总电源和相关仪表的电源；

（3）打开阀 F1-1、F1-2、F1-5 和 F1-13，关闭其他所有与实验无关的阀，用电动调节阀支路给锅炉内胆打水至 2/3 最大容量左右时，停止打水；

（4）按阶跃响应曲线法，确定 PI 调节器的参数 δ 和 T_I，并整定之；

（5）设置好温度的给定值，先用手操作调节器的输出，通过三相移相调压模块给锅炉内胆加热，等锅炉水温趋于给定值且不变后，把调节器由手动切换为自动，使系统进入自动运行状态；

（6）打开计算机，运行 MACSV 组态软件，并进行如下的实验：

当系统稳定运行后，突加阶跃扰动（将给定量增加 5%～15%），观察并记录系统的输出响应曲线；

（7）通过反复多次调节 PI 的参数，使系统具有较满意的动态性能指标，用计算机记录此时系统的动态响应曲线。

3.5.5   实验报告

（1）用实验方法整定 PI 调节器的参数。

（2）作出比例 P 控制时，不同 δ 值下的阶跃响应曲线，并记下它们的余差 e_{ss}。

（3）比例积分调节器（PI）控制：

1）在比例调节控制实验的基础上，加上积分作用"I"，即把"I"（积分）设置为一参数，根据不同的情况设置不同的大小。观察被控制量能否回到原设定值的位置，以验证系统在 PI 调节器控制下，系统的阶跃扰动无余差产生。

2）固定比例 P 值（中等大小），然后改变调节器的积分时间常数 T_1 值，观察加入阶跃扰动后被调量的输出波形和响应时间的快慢。

3）固定 T_1 于某一中等大小的值，然后改变比例度 δ 的大小，观察加阶跃扰动后被调量的动态波形和响应时间的快慢。

（4）分析 δ 和 T_1 值改变时，各对系统动态性能产生什么影响。

思考题

（1）消除系统的余差为什么采用 PI 调节器，而不采用纯积分调节器？

（2）在温度控制系统中，为什么用 PD 和 PID 控制系统的性能并不比用 PI 控制有明显的改善？

3.6   锅炉内胆动态水温定值控制系统

3.6.1   实验目的

（1）了解单回路温度控制系统的组成与工作原理；

（2）研究 P、PI、PD 和 PID 四种调节器分别对温度系统的控制作用；

（3）了解 PID 参数自整定的方法及参数整定在整个系统中的重要性；

（4）分析锅炉内胆动态水温与静态水温在控制效果上有何不同

之处。

3.6.2　实验设备

实验设备同 3.2.2 节。

3.6.3　实验原理

一个单回路锅炉内胆动态水温定值控制系统结构参见图 3-13，其中锅炉内胆为动态循环水，变频器、磁力泵与锅炉内胆组成循环水系统。而被控的参数为锅炉内胆水温，即要求锅炉内胆水温等于给定值。实验前先通过变频器、磁力泵支路给锅炉内胆打满水，然后关闭锅炉内胆的进水阀门 F1-13。待系统投入运行以后，变频器-磁力泵再以固定的小流量使锅炉内胆的水处于循环状态。在内胆水为静态时，由于没有循环水加以快速热交换，而三相电加热管功率为 4.5kW，使内胆水温上升相对较快，散热过程又相对比较缓慢，且调节的效果受对象特性和环境的限制，导致系统的动态性能较差，即超调大、调节时间长。但当改变为循环水系统后，便于热交换及加速了散热能力，与静态温度控制实验相比，在控制的动态精度、快速性方面有了很大的提高。系统采用的调节器为工业上常用的 AI 智能调节仪。

3.6.4　实验内容与步骤

（1）按图 3-13 要求完成实验系统的接线。

（2）接通总电源和相关仪表的电源。

（3）打开阀 F1-1、F1-2、F1-5 和 F1-13，关闭其他与实验无关的阀。用变频器-磁力泵支路给锅炉内胆打满水。待实验投入运行以后，变频器-磁力泵再以固定的小流量使锅炉内胆的水处于循环状态。

（4）手动操作调节器输出，用计算机记录锅炉内胆中水温的响应曲线，并由该曲线求得 K、T 和 τ 值，据此查表 3-4 确定 PI 调节器的参数 δ 和 T_1，并整定之。

（5）设置好温度的给定值，先用手操作调节器的输出，通过三相移相调压模块给锅炉内胆加热，等锅炉水温趋于给定值且不变后，把调节器由手动切换为自动，使系统进入自动运行状态。

（6）打开计算机，运行 MACSV 组态软件，并进行如下的实验：

当系统稳定运行后，突加阶跃扰动（将给定量增加 5%～15%），观察并记录系统的输出响应曲线。

（7）通过反复多次调节 PI 的参数，使系统具有较满意的动态性能指标，用计算机记录此时系统的动态响应曲线。

3.6.5　实验报告

（1）用实验方法整定 PI 调节器的参数。

（2）作出比例 P 控制时，不同 δ 值下的阶跃响应曲线，并记下它们的余差 e_{ss}。

（3）比例积分调节器（PI）控制：

1）在比例调节控制实验的基础上，加上积分作用"I"，即把"I"（积分）设置为一参数，根据不同的情况，设置不同的大小。观察被控制量能否回到原设定值的位置，以验证系统在 PI 调节器控制下，系统的阶跃扰动无余差产生；

2）固定比例 P 值（中等大小），然后改变调节器的积分时间常数 T_I 值，观察加入阶跃扰动后被调量的输出波形和响应时间的快慢；

3）固定 T_I 于某一中等大小的值，然后改变比例度 δ 的大小，观察加阶跃扰动后被调量的动态波形和响应时间的快慢。

（4）分析 δ 和 T_I 值改变时，各对系统动态性能产生什么影响。

思考题

（1）消除系统的余差为什么采用 PI 调节器，而不采用纯积分调节器？

（2）在温度控制系统中，为什么用 PD 和 PID 控制系统的性能并不比用 PI 控制时有明显的改善？

（3）为什么内胆动态水的温度控制比静态水的温度控制更容易稳定，动态性能更好？

3.7 锅炉夹套水温定值控制系统

3.7.1 实验目的

（1）了解不同单回路温度控制系统的组成与工作原理；

（2）研究 P、PI、PD 和 PID 四种调节器分别对温度系统的控制作用；

（3）了解 PID 参数自整定的方法及参数整定在整个系统中的重要性；

（4）比较锅炉夹套水温控制与锅炉内胆动态水温控制的控制效果。

3.7.2 实验设备

实验设备同 3.2.2 节。

3.7.3 实验原理

图 3-15 所示为一个单闭环锅炉夹套水温定值控制系统的结构示意图，其中锅炉内胆为动态循环水、磁力泵、电动调节阀、锅炉内胆组成循环供水系统。而控制参数为锅炉夹套的水温，即要求锅炉夹套水温等于给定值。实验前先通过变频器-磁力泵动力支路给锅炉内胆和锅炉夹套均打满水，然后关闭锅炉内胆和夹套的进水阀。待实验投入运行以后，再打开锅炉内胆的进水阀，允许变频器-磁力泵以固定的小流量使锅炉内胆的水处于循环状态。在锅炉夹套水温的控制过程中，由于锅炉内胆有循环水，因此锅炉内胆与锅炉夹套热交换比内胆静态水温控制时更充分，控制速度有较大改善。系统采用的调节器为工业上常用的 AI 智能调节仪。图 3-16 为控制系统的方框图。

3.7.4 实验内容与步骤

（1）按图 3-15 要求完成实验系统的接线。

（2）接通总电源和相关仪表的电源。

（3）打开阀 F2-1、F2-6、F1-12 和 F1-13，关闭其他与实验无关

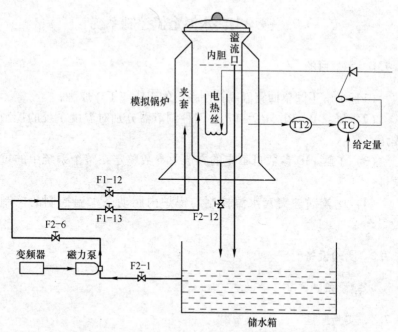

图 3-15   锅炉夹套水温控制系统的结构示意图

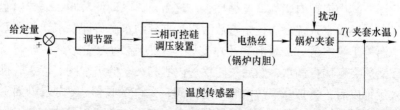

图 3-16   锅炉夹套水温控制系统的方框图

的阀，用变频器-磁力泵支路给锅炉内胆和夹套打满水。然后关闭阀
F1-12，待实验投入运行以后，变频器-磁力泵再以固定的小流量使锅
炉内胆的水处于循环状态。

（4）调节调节器的比例度，使系统的输出响应出现 4：1 的衰减
度，记下此时的比例度 δ_s 和周期 T_s。据此，查表 3-3 得 PI 的参数，
对调节器进行参数整定。

（5）设置好温度的给定值，先手动操作调节器的输出，通过三

相移相调压模块给锅炉内胆加热，等锅炉水温趋于给定值且不变后，把调节器由手动切换为自动，使系统进入自动运行状态。

（6）打开计算机，运行 MACSV 组态软件，并进行如下的实验：

当系统稳定运行后，突加阶跃扰动（将给定量增加 5%~15%），观察并记录系统的输出响应曲线。

（7）通过反复多次调节 PI 的参数，使系统具有较满意的动态性能指标。用计算机记录此时系统的动态响应曲线。

3.7.5 实验报告

（1）用实验方法整定 PI 调节器的参数。

（2）作出比例 P 控制时，不同 δ 值下的阶跃响应曲线，并记下它们的余差 e_{ss}。

（3）比例积分调节器（PI）控制：

1）在比例调节控制实验的基础上，加上积分作用"I"，即把"I"（积分）设置为一参数，根据不同的情况，设置不同的大小。观察被控制量能否回到原设定值的位置，以验证系统在 PI 调节器控制下，系统的阶跃扰动无余差产生；

2）固定比例 P 值（中等大小），然后改变调节器的积分时间常数 T_I 值，观察加入阶跃扰动后被调量的输出波形和响应时间的快慢；

3）固定 T_I 于某一中等大小的值，然后改变比例度 δ 的大小，观察加阶跃扰动后被调量的动态波形和响应时间的快慢。

（4）分析比例度 δ 和 T_I 值改变时，各对系统动态性能产生什么影响。

思考题

（1）消除系统的余差为什么采用 PI 调节器，而不采用纯积分调节器？

（2）在温度控制系统中，为什么用 PD 和 PID 控制系统的性能并不比用 PI 控制有明显的改善？

（3）如果锅炉内胆不采用循环水，那么锅炉夹套的温度控制效果会怎样？

3.8　电动阀支路流量的定值控制系统

3.8.1　实验目的

（1）了解单闭环流量定值控制系统的组成；
（2）应用阶跃响应曲线法整定调节器的参数；
（3）研究调节器中相关参数的变化对系统性能的影响。

3.8.2　实验设备

实验设备同 3.2.2 节。

3.8.3　实验原理

图 3-17 所示为单闭环流量控制系统的结构图。系统的被控对象为管道，流经管道中的液体流量 Q 作为被控制量。基于系统的控制任务是维持被控制量恒定不变，即在稳态时，它总等于给定值。因此需把流量 Q 经检测变送后的信号作为系统的反馈量，并采用 PI 调节器。系统方框图如图 3-18 所示。

基于被控对象是一个时间常数较小的惯性环节，故系统调节器的参数宜用阶跃响应曲线法确定。

3.8.4　实验内容与步骤

（1）按图 3-17 要求完成实验系统的接线。
（2）接通总电源和相关仪表的电源。
（3）按经验数据预先设置好副调节器的比例度。
（4）打开阀 F1-1、F1-2、F1-8。
（5）根据用阶跃响应曲线法求得的 K、T 和 τ，查本章中的表 3-4 确定 PI 调节器的参数 δ 和周期 T_I。
（6）设置流量的给定值后，手动操作调节器的输出，通过电动调节阀支路给下水箱打水。等流量 Q 趋于给定值且不变后，把调节器由手动切换为自动，使系统进入自动运行状态。
（7）打开计算机，运行 MACSV 组态软件，并进行如下的实验：

当系统稳定运行后，突加阶跃扰动（将给定量增加 5%~15%），观察并记录系统的输出响应曲线。

（8）通过反复多次调节 PI 的参数，使系统具有较满意的动态性能指标，用计算机记录此时系统的动态响应曲线。

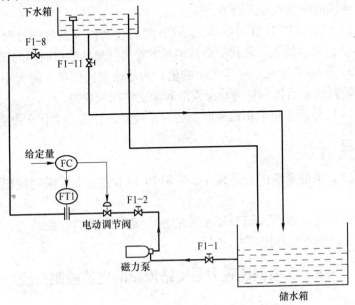

图 3-17 单闭环流量控制系统的结构图

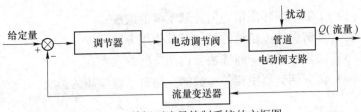

图 3-18 单闭环流量控制系统的方框图

3.8.5 实验报告

（1）用实验方法整定 PI 调节器的参数。

（2）作出比例 P 控制时，不同 δ 值下的阶跃响应曲线，并记下它们的余差 e_{ss}。

（3）比例积分调节器（PI）控制：

1）在比例调节控制实验的基础上，加上积分作用"I"，即把"I"（积分）设置为一参数，根据不同的情况，设置不同的大小。观察被控制量能否回到原设定值的位置，以验证系统在 PI 调节器控制下，系统的阶跃扰动无余差产生。

2）固定比例 P 值（中等大小），然后改变调节器的积分时间常数 T_I 值，观察加入阶跃扰动后被调量的输出波形和响应时间的快慢。

3）固定 T_I 于某一中等大小的值，然后改变比例度 δ 的大小，观察加阶跃扰动后被调量的动态波形和响应时间的快慢。

（4）分析 δ 和 T_I 值改变时，各对系统动态性能产生什么影响。

思考题

（1）消除系统的余差为什么采用 PI 调节器，而不采用纯积分调节器？

（2）为什么系统调节器参数的整定要用阶跃响应曲线法，而不用临界比例度法和阻尼振荡法？

3.9   变频调速磁力泵支路流量的定值控制系统

3.9.1   实验目的

（1）了解单闭环流量定值控制系统的组成；
（2）了解涡轮流量计的结构及其使用方法；
（3）应用阶跃响应曲线法整定调节器的参数；
（4）研究调节器中相关参数的变化对系统性能的影响。

3.9.2   实验设备

实验设备同 3.2.2 节。

3.9.3   实验原理

图 3-19 所示为变频调速支路流量定值控制系统的结构图。系统的被控对象为变频器-磁力泵支路管道，流经管道中的液体流量 Q 作为被

控制量。基于系统的控制任务是维持被控制量恒定不变，即在稳态时，它总等于给定值，因此需把流量 Q 经检测变送后的信号作为系统的反馈量，并采用 PI 调节器。系统的控制方框图如图 3-20 所示。

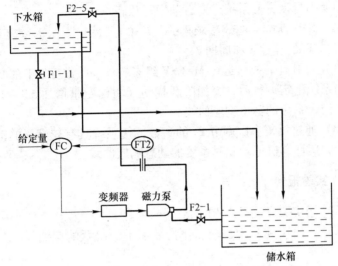

图 3-19　变频调速支路流量定值控制系统的结构图

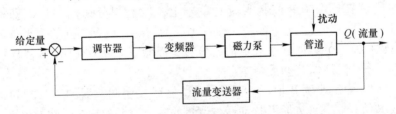

图 3-20　单闭环流量控制系统的方框图

　　基于被控对象是一个时间常数较小的惯性环节，故系统调节器参数的整定宜用阶跃响应曲线法求得的 K、T 和 τ，然后由本章表 3-4 的经验公式确定参数。

3.9.4　实验内容与步骤

（1）按图 3-19 要求完成实验系统的接线。

（2）接通总电源和相关仪表的电源。

（3）按经验数据预先设置好副调节器的比例度。

（4）打开阀 F2-1、F2-5。

（5）设置流量的给定值后，用手操作调节器的输出，使变频器-磁力泵给下水箱打水，等流量 Q 趋于给定值且不变后，把调节器由手动切换为自动，使系统进入自动运行状态。

（6）用阶跃响应曲线法求得 K、T 和 τ，然后根据本章表 3-4 确定 PI 调节器的参数 δ 和周期 T_I。

（7）打开计算机，运行 MACSV 组态软件，并进行如下的实验：

当系统稳定运行后，突加阶跃扰动（将给定量增加 5%～15%），观察并记录系统的输出响应曲线。

（8）通过反复多次调节 PI 的参数，使系统具有较满意的动态性能指标，用计算机记录此时系统的动态响应曲线。

3.9.5 实验报告

（1）用实验方法整定 PI 调节器的参数。

（2）作出比例 P 控制时，不同 δ 值下的阶跃响应曲线，并记下它们的余差 e_{ss}。

（3）比例积分调节器（PI）控制：

1）在比例调节控制实验的基础上，加上积分作用"I"，即把"I"（积分）设置为一参数，根据不同的情况，设置不同的大小。观察被控制量能否回到原设定值的位置，以验证系统在 PI 调节器控制下，系统的阶跃扰动无余差产生。

2）固定比例 P 值（中等大小），然后改变调节器的积分时间常数 T_I 值，观察加入阶跃扰动后被调量的输出波形和响应时间的快慢。

3）固定 T_I 于某一中等大小的值，然后改变比例度 δ 的大小，观察加阶跃扰动后被调量的动态波形和响应时间的快慢。

（4）分析 δ 和 T_I 值改变时，各对系统动态性能产生什么影响。

思考题

（1）消除系统的余差为什么采用 PI 调节器，而不采用纯积分调节器？

（2）为什么系统调节器参数的整定要用阶跃响应曲线法，而不用临界比例度法和阻尼振荡法？

4 锅炉内胆水温位式控制系统

4.1 实 验 目 的

（1）了解位式温度控制系统的结构与组成；

（2）掌握位式控制系统的工作原理及其调试方法。

4.2 实 验 设 备

（1）THJ-3 型高级过程控制对象系统实验装置；

（2）THJ-2 型 DCS 分布式过程控制系统；

（3）计算机一台、以太网交换机一个、网线两根；

（4）SA-31 挂件、SA-32 挂件、SA-33 挂件、主控单元各一个；

（5）万用电表一只。

4.3 实 验 原 理

温度测量通常采用热电阻元件（感温元件）。它是利用金属导体的电阻值随温度变化而变化的特性来进行温度测量的，在实验中采用的热电阻为 Pt100 铂电阻。铂电阻元件采用特殊的工艺和材料制造，具有很高的稳定性和耐振动等特点，还具有较强的抗污染能力。

实验的被控对象是锅炉内胆的电热丝，被控制量是内胆的水温 T，温度变送器把被控制量 T 转变为反馈电压 V_i，并与二位调节器设定的上限输入 V_{max} 及下限输入 V_{min} 进行比较，从而决定二位调节器输出继电器的闭合与断开，即控制位式接触器接通与断开。图 4-1 所示为位式控制器的工作原理图。

由图 4-1 可见，V_0 与 V_i 的关系不仅有死区存在，而且还有回环，因而图 4-2 所示的系统实质上是一个典型的非线性控制系统。执行器只有"开"或"关"两种极限工作状态，故称这种控制器为二位调节器。该系统的工作原理是当被控制的锅炉水温 T 减小到小于设定

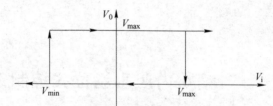

图 4-1　位式控制器的输入-输出特性

V_0—位式控制器的输出；V_i—位式控制器的输入；

V_{max}—位式控制器的上限输入；V_{min}—位式控制器的下限输入

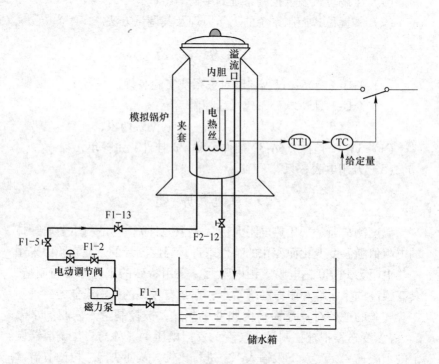

图 4-2　锅炉内胆水温位式控制结构示意图

下限值时，即 $V_i \leqslant V_{min}$ 时，位式调节器的输出继电器闭合，交流接触器接通，使电热丝接通三相 380V 电源进行加热（见图 4-1）。随着水温 T 的升高，V_i 也不断增大，当增大到大于设定上限值，即 $V_i \geqslant V_{max}$ 时，位式调节器的输出继电器断开，这样交流接触器也断开，切断电热丝的供电。由于这种控制方式具有冲击性，易损坏元器件，只适用对控制质量要求不高的场合。

位式控制系统的输出是一个断续控制作用下的等幅振荡过程，不能用连续控制作用下的衰减振荡过程的温度品质指标来衡量，而要用振幅和周期作为控制品质的指标，一般要求振幅小、周期长。然而对同一个位式控制系统来说，若要振幅小，则周期必然短；若要周期长，则振幅必然大。因此应通过合理选择中间区以使振幅在限定范围内，而又尽可能获得较长的周期。图 4-2 为实验系统的结构图，图 4-3 为实验系统的方框图。

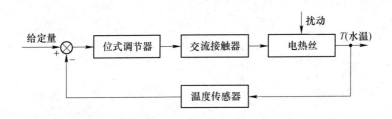

图 4-3 锅炉位式控制方框图

4.4 实验内容与步骤

（1）按图 4-2 要求完成实验系统的接线；

（2）接通总电源和相关仪表的电源；

（3）打开阀 F1-1、F1-2、F1-5 和 F1-13，关闭其他所有与本实验无关的阀，用电动调节阀支路给锅炉内胆打水至最大容量的 2/3 左右时，停止打水；

（4）在调节器上设置好温度的给定值及控制范围（即仪表的回差值 dF），让系统投入运行；

（5）打开计算机，运行 MACSV 组态软件并进入实验，观察并记录系统的输出响应曲线；

（6）当系统进入等幅振荡后，突加阶跃扰动（将给定量增/减 5%~15%），观察并记录系统的输出响应曲线。

4.5 实 验 报 告

（1）根据图 4-2，画出实验系统的方框图；
（2）试评述温度位式控制的优缺点。

思考题

（1）温度位式控制系统与连续的 PID 控制系统有什么区别？
（2）实验系统会否产生发散振荡？

5 串级控制系统实验

5.1 串级控制系统的连接实践

5.1.1 串级控制系统的组成

图 5-1 是串级控制系统的方框图。该系统有主、副两个控制回路，主、副调节器串联工作，其中主调节器有自己独立的设定值 R，它的输出 m_1 作为副调节器的给定值，副调节器的输出 m_2 控制执行器，以改变主参数 C_1。

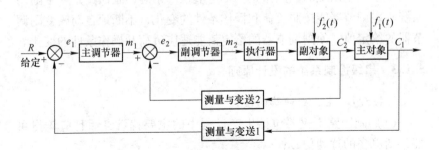

图 5-1 串级控制系统的方框图

R—主参数的给定值；C_1—被控的主参数；C_2—副参数；
$f_1(t)$ —作用在主对象上的扰动；$f_2(t)$ —作用在副对象上的扰动

5.1.2 串级控制系统的特点

5.1.2.1 改善了过程的动态特性

由负反馈原理可知，副回路不仅能改变副对象的结构，而且还能使副对象的放大系数减小、频带变宽，从而使系统的响应速度变快，动态性能得到改善。

5.1.2.2　能及时克服进入副回路的各种二次扰动，提高了系统抗扰动能力

串级控制系统由于比单回路控制系统多了一个副回路，当二次扰动进入副回路时，由于主对象的时间常数大于副对象的时间常数，因而当扰动还没有影响到主控参数时，副调节器就开始动作，及时减小或消除扰动对主参数的影响。基于这个特点，在设计串级控制系统时应尽可能把可能产生的扰动都纳入到副回路中，以确保主参数的控制质量。至于作用在主对象上的一次扰动对主参数的影响，一般通过主回路的控制来消除。

5.1.2.3　提高了系统的鲁棒性

由于副回路的存在，它对副对象（包括执行机构）特性变化的灵敏度降低，即系统的鲁棒性得到了提高。

5.1.2.4　具有一定的自适应能力

串级控制系统的主回路是一个定值控制系统，副回路是一个随动系统。主调节器能按照负荷和操作条件的变化，不断地自动改变副调节器的给定值，使副调节器的给定值能适应负荷和操作条件的变化。

5.1.3　串级控制系统的设计原则

5.1.3.1　主、副回路的设计

（1）副回路不仅要包括生产过程中的主要扰动，而且应该尽可能包括更多的扰动信号；

（2）主、副对象的时间常数要合理匹配

一般要求主、副对象时间常数的匹配能使主、副回路的工作频率之比大于 3。为此，要求主、副回路的时间常数之比应该在 3 ~ 10之间。

5.1.3.2　主、副调节器控制规律的选择

在串级控制系统中，主、副调节器所起的作用是不同的。主调节器起定值控制作用，它的控制任务是使主参数等于给定值（无余差），故一般宜采用 PI 调节器。由于副回路是一个随动系统，它的输出要求能快速、准确地复现主调节器输出信号的变化规律，对副参数的动态性能和余差无特殊的要求，因而副调节器可采用 P 或 PI 调

节器。

5.1.4 主、副调节器正、反作用方式的选择

如在单回路控制系统设计中所述，要使一个过程控制系统能正常工作，系统必须采用负反馈。对于串级控制系统来说，主、副调节器的正、反作用方式的选择原则是使整个系统构成负反馈系统，即其主通道各环节放大系统系数极性乘积必须为正值。

各环节放大系数极性的正负是如下规定的。

5.1.4.1 调节器的 K_c

当测量值增加时，调节器的输出也增加，则 K_c 为负（即正作用调节器）；反之，K_c 为正（即反作用调节器）。

5.1.4.2 调节阀的系数 K_v

对气开式调节阀，K_v 为正；对气关式调节阀，K_v 为负。

5.1.4.3 过程放大系数 K_0

当过程的输入增大时，即调节阀开大，其输出也增大，则 K_0 为正；反之 K_0 为负。

5.1.5 串级控制系统的整定方法

在工程实践中，串级控制系统常用的整定方法有以下两种。

5.1.5.1 两步整定法

两步整定法就是先整定副调节器的参数，后整定主调节器的参数。

（1）在工况稳定，主、副回路闭合，主、副调节器都在纯比例作用下，将主调节器的比例度置于 100% 的刻度上，然后用单回路反馈控制系统的整定方法来整定副回路。如按衰减比 4∶1 的要求将副调节器的比例度由大逐渐调小，直到响应曲线呈 4∶1 衰减为止。记下相应的比例度 δ_{2s} 和振荡周期 T_{2s}。

（2）将副调节器的比例度置于所求的 δ_{2s} 值，且把副回路作为主回路的一个环节，用类同于整定副回路的方法整定主回路，求取主回路比例度 δ_{1s} 和振荡周期 T_{1s}。

（3）根据求取的 δ_{1s}、T_{1s} 和 δ_{2s}、T_{2s} 值，按表 3-2、表 3-3 中的经

验公式计算主、副调节器的比例度 δ、积分时间常数 T_1 和微分时间常数 T_D 的实际值。

（4）按"先副后主"，"先比例后积分再微分"的整定顺序，将所求的主、副调节器参数设置在相应的调节器上。

（5）观察控制过程，并根据具体情况对调节器的参数作适当调整，直到过程品质达到最佳为止。

5.1.5.2　一步整定法

由于两步整定法要寻求两个 4 : 1 的衰减过程，这是一件很花时间的事。经过大量的实践，对两步整定法做了简化，提出了一步整定法。所谓一步整定法，就是根据经验先确定副调节器的参数，然后按单回路反馈控制系统的整定方法整定主调节器的参数。

一步整定法的理论依据是串级控制系统可以等价为一个单回路反馈控制系统，其等效的总放大系数 K_c

$$K_c = K_{c1}\,K'_{02}$$

对于主、副调节器均为纯比例作用时的串级控制系统，只要满足

$$K_c = \ = K'_s$$

式中，K'_s 为主回路产生 4 : 1 衰减过程时的比例放大系数。

具体的整定步骤为：

（1）当系统稳态工况后，按单回路整定的经验选取一中间的值作为副调节器的参数。

（2）利用单回路控制系统的任一种参数整定方法来整定主调节器的参数。

（3）改变给定值，观察被控制量的响应曲线。根据 K_{c1} 和 K'_{02} 的匹配原理，适当调整调节器的参数，使主控参数品质为最佳。

（4）如果出现振荡现象，只要加大主调节器的比例度 δ 或增大积分时间常数 T_1，即可消除振荡。

5.2　水箱液位串级控制系统

5.2.1　实验目的

（1）熟悉串级控制系统的结构与特点；

（2）掌握串级控制系统的投运与参数的整定方法；

（3）研究阶跃扰动分别作用于副对象和主对象时对系统主控制量的影响。

5.2.2 实验设备

（1）THJ-3 型高级过程控制对象系统实验装置；

（2）THJ-2 型 DCS 分布式过程控制系统；

（3）计算机一台、以太网交换机一个、网线两根；

（4）SA-31 挂件、SA-32 挂件、SA-33 挂件、主控单元各一个；

（5）万用电表一只。

5.2.3 实验原理

实验为水箱液位的串级控制系统，它是由主、副两个回路组成。每一个回路中都有一个属于自己的调节器和控制对象，即主回路中的调节器称为主调节器，控制对象为下水箱，作为系统的被控对象，下水箱的液位为系统的主控制量。副回路中的调节器称为副调节器，控制对象为中水箱，又称为副对象，它的输出是一个辅助的控制变量。

系统控制的目的不仅使系统的输出响应具有良好的动态性能，且在稳态时，系统的被控制量等于给定值，实现了无差调节。当有扰动出现于副回路时，由于主对象的时间常数大于副对象的时间常数，因而当被控制量（下水箱的液位）未做出反应时，副回路已作出快速响应，可及时消除扰动对被控制量的影响。此外，如果扰动作用于主对象，由于副回路的存在，使副对象的时间常数大大减小，从而可加快系统的响应速度，改善动态性能。图 5-2 所示为实验系统的结构图，图 5-3 所示为相应控制系统的方框图。

5.2.4 实验内容与步骤

（1）按图 5-2 要求完成实验系统的接线。

（2）接通总电源和相关仪表的电源。

（3）打开阀 F1-1、F1-2、F1-7、F1-10、F1-11，且使阀 F1-10 的开度略大于 F1-11。

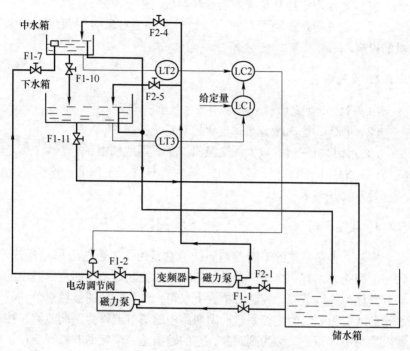

图 5-2　液位串级控制系统的结构图

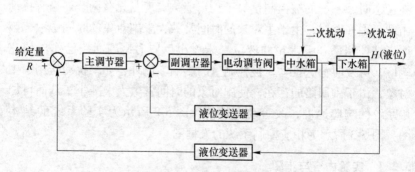

图 5-3　液位串级控制系统的方框图

（4）按经验数据预先设置好副调节器的比例度。

（5）调节主调节器的比例度，使系统的输出响应出现 4∶1 的衰减度，记下此时的比例度 δ_s 和周期 T_s。据此，按表 3-3 查得 PI 的参数，对主调节器进行参数整定。

（6）手动操作主调节器的输出，以控制电动调节阀支路给中水箱送水的大小，等中、下水箱的液位相对稳定，且下水箱的液位趋于给定值时，把主调节器切换为自动。

（7）打开计算机，运行 MACSV 组态软件，并进行如下的实验：

1）当系统稳定运行后，突加阶跃扰动（将给定量增/减 5%～15%），观察并记录系统的输出响应曲线；

2）适量打开阀 F2-4，观察并记录阶跃扰动作用于副对象（中水箱）时，系统被控制量（下水箱液位）的响应过程；

3）将阀 F2-4 关闭，去除副对象的阶跃扰动，且待系统再次稳定后，再适量打开阀 F2-5，观察并记录阶跃扰动作用于主对象时对系统被控制量的影响。

（8）通过反复对主、副调节器参数的调节，使系统具有较满意的动、静态性能。用计算机记录此时系统的动态响应曲线。

5.2.5 实验报告

（1）画出实验系统的方框图；

（2）通过实验求出输出响应呈 4：1 衰减时的主调节器的参数；

（3）根据扰动分别作用于主、副对象时系统输出的响应曲线进行评述；

（4）观察并分析副调节器的比例度大小对系统动态性能的影响；

（5）观察并分析主调节器比例度 δ 和积分时间常数 T_{I} 的改变对系统动态性能的影响。

思考题

（1）试述串级控制系统为什么对主扰动（二次扰动）具有很强的抗扰能力；如果副对象的时间常数与主对象的时间常数大小接近，二次扰动对主控制量是否仍很小，为什么？

（2）当一次扰动作用于主对象时，试问由于副回路的存在，系统的动态性能比单回路系统的动态性能有何改进？

（3）一步整定法的依据是什么？

（4）串级控制系统投运前需要做好哪些准备工作？主、副调节器的正反作用方向如何确定？

（5）为什么实验中的副调节器为比例（P）调节器？

（6）改变副调节器的比例度，对串级控制系统的动态和抗扰性能有何影响，试从理论上给予说明。

（7）评述串级控制系统比单回路控制系统控制质量高的原因。

5.3　三闭环液位串级控制系统

5.3.1　实验目的

（1）熟悉三闭环液位串级控制系统的结构与组成；

（2）掌握三闭环液位串级控制系统的投运与参数的整定方法；

（3）研究阶跃扰动分别作用于副对象和主对象时对系统主控制量的影响；

（4）主、副调节器参数的改变对系统性能的影响。

5.3.2　实验设备

实验设备同 5.2.2 节。

5.3.3　实验原理

实验系统是由上、中、下三个水箱串联连接组成，下水箱的液位 H_1 为系统的主控制量，其余两个水箱的液位 H_2 和 H_3 均为辅助控制量。与前面的双回路液位控制系统相比，系统多了一个内回路，其目的是减小上水箱的时间常数，以加快系统的响应。

系统的控制目的，不仅要使下水箱的液位 H_1 等于给定量所要求的值，而且当扰动出现在上、中水箱时，由于它们的时间常数小于下水箱，故在下水箱的液位未发生明显变化前，扰动所产生的影响已通过内回路的控制及时地被消除。当然，扰动若作用于下水箱，系统的被控制量 H_1 必然要受其影响，但由于系统有两个内回路，因而大大减小了上、中水箱的时间常数，使它比具有上、中、下三个水箱串接的单回路系统动态响应快得多。图 5-4 所示为三闭环串级控制系统的结构图，图 5-5 所示为该系统的方框图。

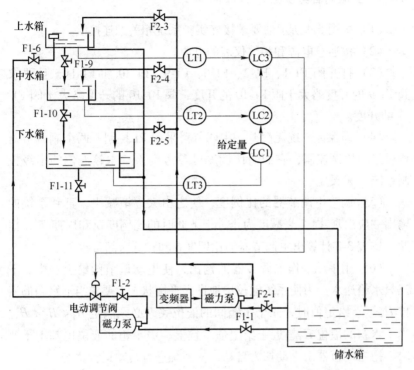

图 5-4 三闭环液位串级控制系统的结构图

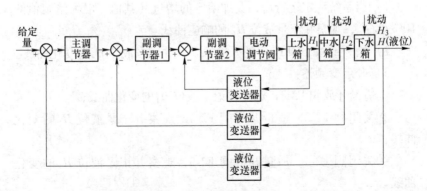

图 5-5 三回路液位串级控制系统的方框图

5.3.4 实验内容与步骤

（1）按图 5-4 所示的要求接好实验系统相关的连接线。

（2）按通总电源和相关仪表的电源。

（3）打开阀 F1-1、F1-2、F1-6、F1-9、F1-10 和 F1-11，且要求阀 F1-9 的开度略大于阀 F1-10 的开度，阀 F1-10 的开度略大于阀 F1-11 的开度。

（4）为保证系统无静差，主调节器采用 PI 控制；两个副调节器均可采用比例控制，它们的比例度可参考实验"水箱液位的串级控制系统"来设定。

（5）调节主调节器的比例度，使之由大逐渐减小，直到系统的输出响应出现 4∶1 衰减度为止，记下此时的比例度 δ_s 和周期 T_s，据此，按表 3-3 计算出主调节器的比例度 δ 和积分时间常数 T_I。

（6）用手动操作主调节器的输出，使电动调节阀给上、中、下三只水箱送水。为使系统能较快地进入平衡状态，要求当下水箱的液位 H_3 等于给定值时，三个水箱间的液位关系必须满足 $H_1 < H_2 < H_3$。当下水箱的液位 H_3 趋近于给定值，且上、中水箱的液位也基本不变时，把主调节器由手动切为自动，使系统进行自动运行状态。

（7）打开计算机，运行 MACSV 组态软件，并进行如下实验：

1）当系统稳定运行后，突加给定的增量（其值一般为给定值的 10% 左右），观察并记录液位 H_1 的响应曲线。

2）增大或减小阀 F1-6 的开度，观察并记录液位 H_1 的变化曲线。

3）开启变频器：

①适量开放阀 F2-3，观察并记录液位 H_1 的变化曲线；

②关闭阀 F2-3，适量开放阀 F2-4，观察并记录液位 H_1 的变化曲线；

③关闭阀 F2-4，适量开放阀 F2-5，观察并记录液位 H_1 的变化曲线。

（8）通过反复对主、副调节器参数的调节，使系统的输出响应具有较满意的动态、静态性能，记录相应调节器的参数和响应曲线。

5.3.5 实验报告

（1）绘出实验系统的方框图；

（2）按 4：1 衰减曲线法确定主调节器的参数，并把最终调试的参数一并列表表示；

（3）分析扰动分别作用于三个对象时，对系统输出响应的影响；

（4）试分析三闭环串级系统比双闭环串级系统的优越性。

5.4 下水箱液位与电动阀磁力泵支路流量的串级控制系统

5.4.1 实验目的

（1）熟悉液位-流量串级控制系统的结构与组成；

（2）掌握液位-流量串级控制系统的投运与参数的整定方法；

（3）研究阶跃扰动分别作用于副对象和主对象时对系统主控制量的影响；

（4）主、副调节器参数的改变对系统性能的影响。

5.4.2 实验设备

实验设备同 5.2.2 节。

5.4.3 实验原理

实验系统的主控量为下水箱的液位高度 H，副控量为电动调节阀支路流量 Q，它是一个辅助的控制变量。系统由主、副两个回路组成。主回路是一个恒值控制系统，使系统的主控制量 H 等于给定值；副回路是一个随动系统，要求副回路的输出能正确、快速地复现主调节器输出的变化规律，以达到对主控制量 H 的控制目的。

不难看出，由于主对象下水箱的时间常数较副对象管道的时间常数大，因而当主扰动（二次扰动）作用于副回路时，在主对象未受到影响前，通过副回路的快速调节作用已消除了扰动的影响。图 5-6 所示为实验系统的结构图，图 5-7 所示为该控制系统的方框图。

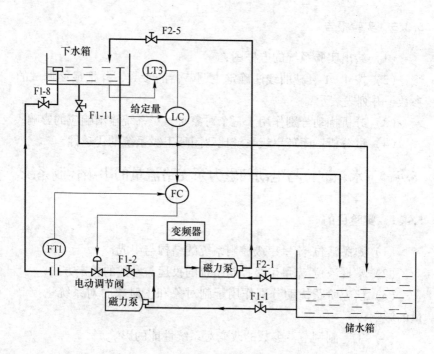

图 5-6 液位-流量串级控制系统的结构图

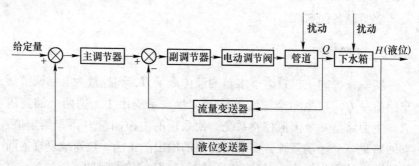

图 5-7 液位-流量串级控制系统的方框图

5.4.4 实验内容与步骤

（1）按图 5-6 要求完成实验系统的接线。

（2）接通总电源和相关仪表的电源。

（3）打开阀 F1-1、F1-8，并把阀 F1-11 固定于某一合适的开度。

（4）按经验数据预先设置好副调节器的比例度。

（5）调节主调节器的比例度，使系统的输出响应呈 4：1 的衰减度，记下此时的比例度 δ_s 和周期 T_s。按表 3-3 所得的 PI 参数对主调节器的参数进行整定。

（6）手动操作主调节器的输出，控制电动调节阀给下水箱打水，待下水箱液位相对稳定且等于给定值时，把主调节器改为自动，系统进入自动运行。

（7）打开计算机，运行 MACSV 组态软件，并进行如下的实验：

1）当系统稳定运行后，设定值加一合适的阶跃扰动，观察并记录系统的输出响应曲线；

2）适量打开阀 F2-5，观察并记录阶跃扰动作用于主对象时，系统被控制量的响应过程；

3）关闭阀 F2-5，待系统稳定后，适量打开电动阀两端的旁路阀 F1-3，观察并记录阶跃扰动作用于副对象时对系统被控制量的影响。

（8）通过反复调节主、副调节器参数，使系统具有较满意的动态、静态性能，用计算机记录此时系统的动态响应曲线。

5.4.5 实验报告

（1）画出实验系统的方框图；

（2）按 4：1 衰减曲线法求得主调节器的参数，并把最终调试的值一并列表表示；

（3）在不同调节器参数下，对系统性能作一比较；

（4）画出扰动分别作用于主、副对象时输出响应曲线，并对系统的抗扰性作出评述；

（5）观察并分析主调节器的比例度和积分时间常数的改变对系统被控制量动态性能的影响。

思考题

（1）为什么副回路的调节器用 P 控制，而不采用 PI 控制规律？

（2）如果用二步整定法整定主、副调节器的参数，其整定步骤应该是怎样的？

（3）试简述串级控制系统设置副回路的主要原因有哪些。

5.5 下水箱液位与变频调速磁力泵支路流量的串级控制系统

5.5.1 实验目的

（1）了解水箱液位与流量串级控制系统的组成；

（2）掌握串级控制系统的投运与调节器参数的整定；

（3）研究阶跃扰动分别作用于副对象和主对象时对系统主控制量的影响；

（4）主、副调节器参数的改变对系统性能的影响。

5.5.2 实验设备

实验设备同 5.2.2 节。

5.5.3 实验原理

实验为下水箱液位与变频调速支路流量的串级控制系统。其中主对象为下水箱，主控制量是其液位高度；副对象为管道，它的输出（流量）是系统的一个辅助变量。

系统控制的目的是不仅使系统的输出响应具有良好的动态性能，并在稳态时，系统的被控制量液位高度应等于给定值，实现无差调节；而且当有扰动出现于副回路时，由于主对象的时间常数远大于副对象的时间常数，因而当被控制量（下水箱的液位）未作出反应时，副回路通过快速调节，可及时消除扰动对被控制量的影响。此外，如果扰动作用于主对象，由于副回路的存在，使副对象的时间常数大大减小，从而可加快系统的响应速度，改善动态性能。图 5-8 所示为实验系统的结构图，图 5-9 所示为它的控制方框图。

5.5.4 实验内容与步骤

（1）按图 5-8 要求完成实验系统的接线。

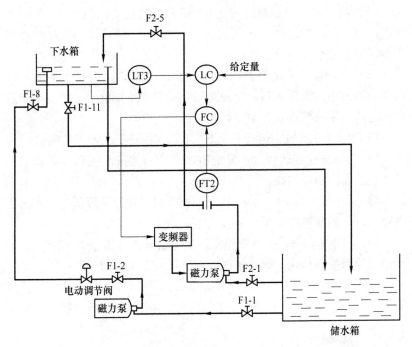

图 5-8 下水箱液位与变频器支路流量串级控制系统的结构图

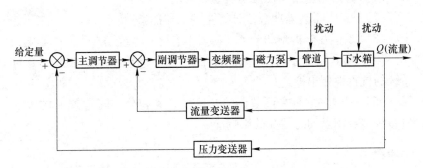

图 5-9 下水箱液位与变频器支路流量串级控制系统的方框图

（2）接通总电源和相关仪表的电源。

（3）打开阀 F2-1、F2-5，并把阀 F1-11 固定于某一合适的开度，关闭阀 F1-8。

（4）按经验数据预先设置好副调节器的比例度 δ 值。

（5）调节主调节器的比例度 δ，使系统的输出响应呈 4∶1 的衰减度，记下此时的比例度 δ_s 和周期 T_s。按表 3-3 所得的 PI 参数对主调节器的参数进行整定。

（6）手动操作主调节器的输出，控制变频器-磁力泵给下水箱供水流量的大小，待下水箱液位相对稳定且等于给定值时，把主调节器切为自动，使系统进入自动运行。

（7）打开计算机，运行 MACSV 组态软件并进入如下的实验：

1）当系统稳定运行后，设定值加一合适的阶跃扰动，观察并记录系统的输出响应曲线；

2）适量打开阀 F1-1、F1-2、F1-8，观察并记录阶跃扰动作用于主对象时，系统被控制量的响应过程；

3）关闭阀 F1-8，待系统稳定后，适量开大或关小阀 F2-5，观察并记录阶跃扰动作用于副对象时对系统被控制量的影响。

（8）通过反复对主、副调节器参数的调节，使系统具有较满意的动态、静态性能，用计算机记录此时系统的动态响应曲线。

5.5.5　实验报告

（1）根据实验结构图画出实验系统的方框图；

（2）按 4∶1 衰减曲线法计算主调节器的参数；

（3）观察并分析副调节器 δ 的大小变化对系统动态性能的影响；

（4）画出扰动分别作用于主、副对象时的输出响应曲线，并对系统的抗扰性作出评述；

（5）观察并分析主调节器的比例度 δ 和积分时间常数 T_I 的改变对系统被控制量动态性能的影响。

思考题

（1）如果副调节器设置为 PI 控制，而主调节器设置为 P 控制，试分析对系统的动态、静态性能产生哪些影响？

（2）试说明当二次扰动作用于副回路时，系统是如何调节达到基本不影响主控制量的目的？

5.6 锅炉夹套水温与锅炉内胆水温的串级控制系统

5.6.1 实验目的

（1）熟悉温度串级控制系统的结构与组成；

（2）掌握温度串级控制系统的投运与参数的整定方法；

（3）研究阶跃扰动分别作用于副对象和主对象时对系统主控制量的影响；

（4）主、副调节器参数的改变对系统性能的影响。

5.6.2 实验设备

实验设备同 5.2.2 节。

5.6.3 实验原理

实验系统的主控对象为锅炉的夹套，其水温 T 为系统的主控制量；副控对象为锅炉的内胆，其温度为辅助的控制变量。系统的执行元件为三相可控硅调压器，由它供电给内胆的电热丝加温。内胆中的水温通过内胆壁影响夹套的水温。系统控制的目的是既要使锅炉夹套的水温等于给定值所要求的量，又使作用于副回路的主要扰动对系统的主控制量不产生明显的影响，即系统具有很强的抗扰能力。图 5-10 所示为实验系统的结构示意图，图 5-11 所示为该控制系统的方框图。

5.6.4 实验内容与步骤

（1）按图 5-10 要求完成实验系统的接线；

（2）接通总电源和相关仪表的电源；

（3）打开阀 F2-1、F2-12、F2-13，给锅炉夹套与内胆均打满水，然后关闭 F2-12，待实验投入运行时，变频器再以固定频率给内胆打入小流量的循环水；

（4）按经验数据预先设置好副调节器的比例度；

（5）调节主调节器的比例度，使系统的输出响应出现 4:1 的衰减度，记下此时的比例度 δ_s 和周期 T_s，按表 3-3 所得的 PI 参数对主

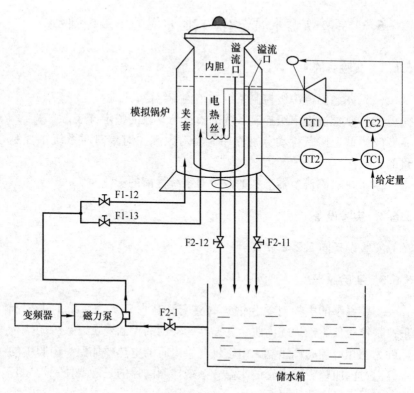

图 5-10　温度串级控制系统结构示意图

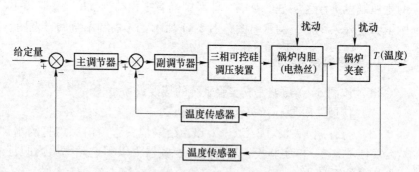

图 5-11　温度串级控制系统方框图

调节器的参数进行整定；

　　（6）手动操作主调节器的输出，控制三相可控调压器输出电压的大小以改变内胆水温和夹套水温，并开通变频器支路恒定给锅炉内胆加适量的冷却水，待夹套的水温趋于给定值后，且内胆与夹套水温相对稳定不变时，把主调节器切换为自动；

（7）打开计算机，运行 MACSV 组态软件，并进行如下的实验：

1）当系统稳定运行后，突加阶跃扰动（将给定值增加 5% ~ 15%），观察并记录系统的输出响应曲线；

2）适量增/减变频器的手动输出，观察并记录阶跃扰动作用于副对象时，系统被控制量的响应过程；

（8）通过反复对主、副调节器参数的调节，使系统具有较满意的动态、静态性能，用计算机记录此时系统的动态响应曲线。

5.6.5 实验报告

（1）画出实验系统的方框图；

（2）按 4∶1 衰减曲线法，求得主调节器的参数，并把最终调试的值一并列表表示；

（3）把主调节器的参数分别在计算值和调试整定值两种情况下，求得系统的性能指标列表。

思考题

（1）三相电网电压的波动对主控制量是否有影响？

（2）副调节器如果设计为 PI，试分析其对系统的性能有什么影响。

5.7 锅炉内胆水温与内胆循环水流量的串级控制系统

5.7.1 实验目的

（1）熟悉温度-流量串级控制系统的结构与组成；

（2）掌握温度-流量串级控制系统的投运与参数的整定方法；

（3）研究阶跃扰动分别作用于副对象和主对象对系统主控制量的影响；

（4）主、副调节器参数的改变对系统性能的影响。

5.7.2　实验设备

实验设备同 5.2.2 节。

5.7.3　实验原理

实验系统的主控对象为锅炉的内胆，内胆中水温 T 为系统的主控制量；副控对象为管道，其流量 Q 为辅助变量。内胆内的电热丝持续恒压加热，执行元件为电动调节阀，它控制管道中流过的冷水流量大小，以改变内胆中的水温。

同前面的串级控制系统一样，系统控制的目的是既要使锅炉内胆的水温等于给定值，又使主、副回路分别对一次和二次扰动具有很强的抗扰能力。图 5-12 所示为实验系统的结构示意图，图 5-13 所示为该控制系统的方框图。

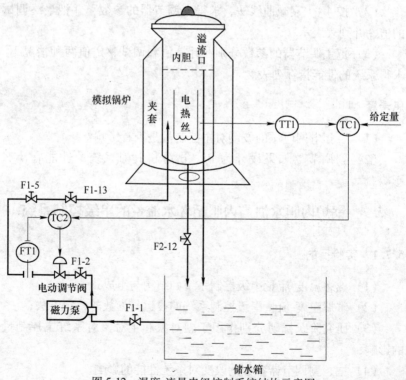

图 5-12　温度-流量串级控制系统结构示意图

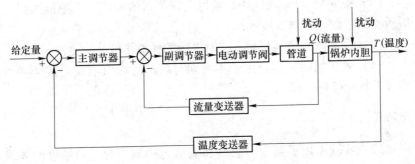

图 5-13 温度-流量串级控制系统方框图

5.7.4 实验内容与步骤

（1）按图 5-12 要求完成实验系统的接线。

（2）接通总电源和相关仪表的电源。

（3）按经验数据预先设置好副调节器的比例度。

（4）打开阀 F1-1、F1-2、F1-5、F1-13，先给锅炉内胆打满水，然后将实验投入运行。

（5）调节主调节器的比例度，使系统的输出响应呈 4∶1 的衰减度，记下此时的比例度 δ_s 和周期 T_s。按表 3-3 所得的 PI 参数对主调节器的参数进行整定。

（6）手动操作主调节器的输出，控制电动调节阀的开度来改变流入内胆水的流量 Q 的大小，当内胆中的水打满后，内胆中的电热丝开始加热，当内胆的水温趋于给定值并稳定不变时，把主调节器由手动切换为自动。

（7）打开计算机，运行 MACSV 组态软件，并进行如下的实验：

当系统稳定运行后，给温度设定值加一个适当阶跃扰动，观察并记录系统的输出响应曲线。

（8）通过反复对主、副调节器参数的调节，使系统具有较满意的动态、静态性能，用计算机记录此时系统的动态响应曲线。

5.7.5 实验报告

（1）画出实验系统的方框图；

（2）按 4∶1 衰减曲线法，求得主调节器的参数，并把最终调试后所得的参数一并列表表示；

（3）在不同调节器参数下，对系统的性能作出分析比较；

（4）画出扰动分别作用于主、副对象时的输出响应曲线，并对系统的抗扰性作一评述。

思考题

（1）实验中用了温度传感器和流量传感器，对它们精度的要求有什么不同？

（2）如果副回路中的反馈通道开路，系统能否正常运行？如果副回路的反馈通道不开路，而主回路的反馈通道出现开路，试问此时系统将会出现什么现象？

5.8　盘管出水口水温与热水流量的串级控制系统

5.8.1　实验目的

（1）熟悉温度-流量串级控制系统的结构与组成；

（2）掌握温度-流量串级控制系统的投运与参数的整定方法；

（3）分析阶跃扰动分别作用于副对象和主对象对系统主控制量的影响；

（4）主、副调节器参数的改变对系统性能的影响。

5.8.2　实验设备

实验设备同 5.2.2 节。

5.8.3　实验原理

实验系统的主控对象为盘管，它的出水口水温 T 为系统的主控制量；副控对象为管道，其中流量 Q 作为系统的辅助控制变量。锅炉内胆中的电热丝持续恒压加温，系统的执行元件为变频器-磁力泵，它控制管道中热水的流量 Q，并控制盘管出水口的水温。

同其他的串级控制系统一样，系统控制的目的是既要使盘管出水口的水温等于给定值，又要使主、副回路分别对一次和二次扰动具有较强的抗扰能力。图 5-14 所示为实验系统的结构图，图 5-15 所示为该控制系统的方框图。

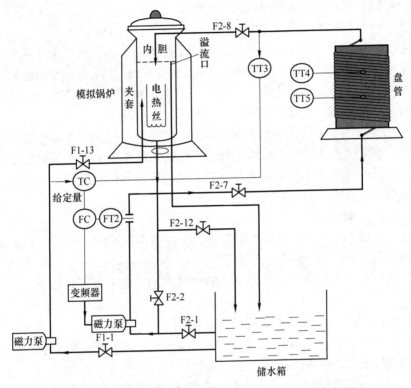

图 5-14　盘管出水口水温与热水流量串级控制系统结构图

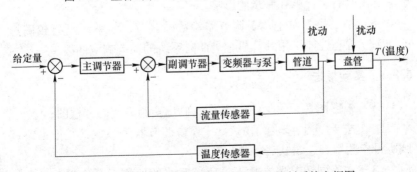

图 5-15　盘管出水口水温与热水流量串级控制系统方框图

5.8.4　实验内容与步骤

（1）按图 5-14 要求，完成实验系统的接线。

（2）接通总电源和相关仪表的电源。

（3）按经验数据预先设置好副调节器的比例度 δ 值。

（4）先开启阀 F1-1 和 F1-13，手动操作电动调节阀，通过磁力泵向锅炉内胆打水，待水打满后，关闭所有的阀。然后给锅炉内胆的水加热，待锅炉水温达到一定值（一般大于盘管给定值 10℃ 左右）后，开启 F2-2、F2-7 和 F2-8，关闭阀 F2-1 和 F2-12。

（5）用手动操作主调节器的输出，以控制执行元件变频器磁力泵，改变流入盘管中热水的流量 Q，待盘管出水口水温上升到给定值，且流量 Q 和水温 T 基本不变时，把主调节器切换为自动（把调节器设置为纯比例控制）。

（6）调节主调节器的比例度，使系统的输出响应出现 4：1 的衰减度，记下此时的比例度 δ_s 和周期 T_s，按表 3-3 所得的 PI 参数对主调节器的参数进行整定。

（7）打开计算机，运行 MACSV 组态软件并进入如下的实验：

1）当系统稳定运行后，突加阶跃扰动（将给定值增/减 5%～15%），观察并记录系统的输出响应曲线；

2）适量关小阀 F2-7，观察并记录阶跃扰动作用于副对象时，系统被控制量的响应过程；

3）待系统稳定后，适量关小阀 F2-8，观察并记录阶跃扰动作用于主对象时对系统被控制量的影响。

（8）通过反复对主、副调节器参数的调节，使系统具有较满意的动态、静态性能，用计算机记录此时系统的动态响应曲线。

5.8.5　实验报告

（1）根据图 5-13 所示的结构图，画出实验系统的方框图；

（2）按 4：1 衰减度，由表 3-3 求得调节器的参数，并把最终调试所得参数填入表 5-1；

（3）在不同调节器参数下，比较系统的性能，并将实验结果填入表 5-2；

（4）画出扰动作用于主、副对象时系统的输出响应曲线，并分析之。

表 5-1 串级调节器调试结果参数

调节器	实验数据		查表求得的参数		最终整定的参数	
	δ_s	T_s	$\delta/\%$	T_I	$\delta/\%$	T_I
主调节器						
副调节器						

表 5-2 串级调节试验结果参数

主调节器	超调量	调整时间	稳态误差
	$M_p/\%$	T_s/s	e_{ss}

5.9 盘管出水口水温与锅炉内胆水温的串级控制系统

5.9.1 实验目的

（1）熟悉温度串级控制系统的结构与组成；

（2）掌握温度串级控制系统调节器参数的整定与系统投运；

（3）研究阶跃扰动分别作用于副对象和主对象时对系统主控制量的影响；

（4）主、副调节器参数的改变对系统性能的影响。

5.9.2 实验设备

实验设备同 5.2.2 节。

5.9.3 实验原理

实验系统的主控对象为盘管，它的出水口水温为系统的主控制量；锅炉内胆中的电热丝为副控对象，由变频器恒速向盘管输送的热水温度作为系统的辅助控制变量。

　　基于系统中主、副对象的时间常数匹配并不符合串级控制系统的要求，因而这个系统虽然能对盘管出水口的水温进行恒值控制，但当副回路中出现干扰时，虽经副回路的调节，但并不能及时消除扰动对主控制量的影响。通过这个实验，使学生能深刻认识到串级系统中主、副对象的时间常数合理匹配的重要性。不然，就难以发挥串级系统抗扰动的优越性。图 5-16 所示为实验系统的结构示意图，图 5-17 所示为该控制系统的方框图。

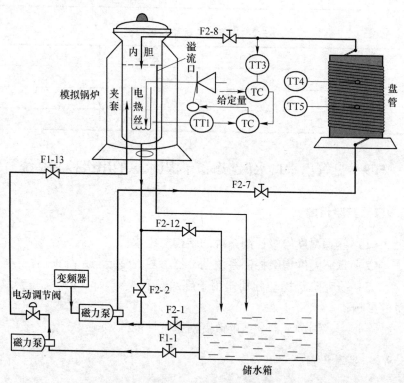

图 5-16　盘管出口水温与内胆水温串级控制系统结构示意图

5.9.4　实验内容与步骤

　　（1）按图 5-15 要求完成实验系统的接线。

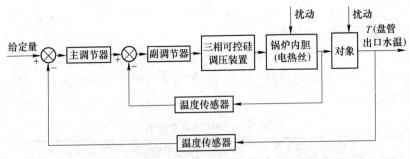

图 5-17　盘管出口水温与内胆水温串级控制系统方框图

（2）接通总电源和相关仪表的电源。

（3）开启阀 F1-1 和 F1-13，手动操作电动调节阀，使磁力泵向锅炉内胆打水，待水打满后，关闭阀 F1-13；关闭阀 F2-1 和 F2-12，开启阀 F2-2、F2-7 和 F2-8。

（4）按经验数据预先设置好副调节器的比例度 δ 值。

（5）调节主调节器的比例度，使系统的输出响应出现 4：1 的衰减度，记下此时的比例度 δ_s 和周期 T_s，按表 3-3 所得的 PI 参数对主调节器的参数进行整定。

（6）用手动操作主调节器的输出，以控制锅炉内胆电热丝的端电压大小，达到控制盘管出水口水温的目的。待盘管出水口水温趋于给定值，且内胆水温相对稳定不变时，把主调节器切换为自动。

（7）打开计算机，运行 MACSV 组态软件并进入如下的实验：

1）当系统稳定运行后，突加阶跃扰动（将给定值增/减 5%~15%），观察并记录系统的输出响应曲线；

2）适量打开阀 F1-13，观察并记录阶跃扰动作用于副对象时，系统被控制量的响应过程；

3）待系统稳定后，适量关小阀 F2-7，观察并记录阶跃扰动作用于主对象时对系统被控制量的影响。

（8）通过反复对主、副调节器参数的调节，使系统具有较满意的动态、静态性能，用计算机记录此时系统的动态响应曲线。

5.9.5　实验报告

（1）根据图 5-15 所示的结构图，画出实验系统的方框图；

（2）按 4：1 衰减度，由表 3-3 求得调节器的参数，并把最终调试所得参数填入表 5-3 中；

（3）在不同调节器参数下，比较系统的性能，见表 5-4；

（4）画出扰动作用于主、副对象时系统的输出响应曲线，并分析之。

表 5-3　调试结果参数表

调节器	实验数据		由表 3-3 求得的参数		最终整定的参数	
	δ_s	T_s	$\delta/\%$	T_I	$\delta/\%$	T_I
主调节器						
副调节器						

表 5-4　实验结果性能指标

主调节器	超调量	调整时间	稳态误差
	$M_p/\%$	t_s/s	e_{ss}

思考题

实验中若出现作用在副回路中的二次扰动使系统的主控制量有较大的影响，试分析这是由什么原因引起的？

6 比值控制系统实验

6.1 单闭环流量比值控制系统

6.1.1 实验目的

（1）了解单闭环比值控制系统的原理与结构组成；
（2）掌握比值系数的计算；
（3）掌握比值控制系统的参数整定与投运。

6.1.2 实验设备

（1）THJ-3 型高级过程控制对象系统实验装置；
（2）THJ-2 型 DCS 分布式过程控制系统；
（3）计算机一台、以太网交换机一个、网线两根；
（4）SA-31 挂件、SA-32 挂件、SA-33 挂件、主控单元各一个；
（5）万用电表一只。

6.1.3 系统结构图

系统结构如图 6-1 所示。

6.1.4 实验原理

在工业生产过程中，往往需要几种物料以一定的比例混合参加化学反应。如果比例失调，则会导致产品质量的降低、原料的浪费，严重时还发生事故。例如在造纸工业生产过程中，为了保证纸浆的浓度，必须自动地控制纸浆量和水量按一定的比例混合。这种用来实现两个或两个以上参数之间保持一定比值关系的过程控制系统，均称为比值控制系统。

实验是流量比值控制系统。其系统结构如图 6-1 所示。该系统中有两条支路，一路是来自于电动阀支路的流量 Q_1，它是一个主动量；

另一路是来自于变频器-磁力泵支路的流量 Q_2，它是系统的从动量。要求从动量 Q_2 能跟随主动量 Q_1 的变化而变化，而且两者间保持一个定值的比例关系，即 $Q_2/Q_1 = K$。

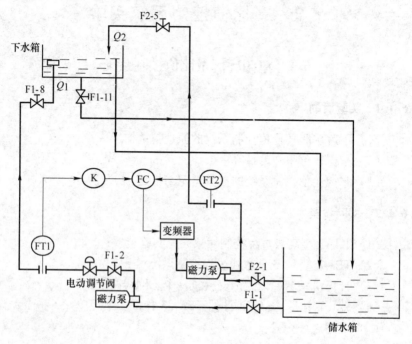

图 6-1　单闭环流量比值控制系统结构图

图 6-2 所示为单闭环流量比值控制系统的方框图。由图可知，主控流量 Q_1 经流量变送器后为 I_1（实际中已转化为电压值，若用电压值除以 250Ω 则为电流值，其他算法一样），如设比值器的比值为 K，则流量单闭环系统的给定量为 KI_1。如果系统采用 PI 调节器，则在稳态时，从动流量 Q_2 经变送器的输出为 I_2，不难看出，$KI_1 = I_2$。

6.1.5　比值系数的计算

设流量变送器的输出电流与输入流量间呈线性关系，当流量 Q 由 $0 \rightarrow Q_{\max}$ 变化时，相应变送器的输出电流为 $4 \rightarrow 20\text{mA}$。由此可知，任一瞬时主动流量 Q_1 和从动流量 Q_2 所对应变送器的输出电流分别为

$$I_1 = \frac{Q_1}{Q_{1\max}} \times 16 + 4 \tag{6-1}$$

$$I_2 = \frac{Q_2}{Q_{2\max}} \times 16 + 4 \tag{6-2}$$

式中，$Q_{1\max}$ 和 $Q_{2\max}$ 分别为 Q_1 和 Q_2 的最大流量值。

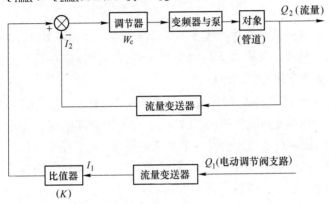

图 6-2 单闭环流量比值控制系统方框图

设工艺要求 $Q_2/Q_1 = K$ ，则式（6-1）可改写为

$$Q_1 = \frac{I_1 - 4}{16} Q_{1\max} \tag{6-3}$$

同理式（6-2）也可改写为

$$Q_2 = \frac{I_2 - 4}{16} Q_{2\max} \tag{6-4}$$

于是求得

$$\frac{Q_2}{Q_1} = \frac{I_2 - 4}{I_1 - 4} \frac{Q_{2\max}}{Q_{1\max}} \tag{6-5}$$

折算成仪表的比值系数 K' 为

$$K' = K \frac{Q_{1\max}}{Q_{2\max}} \tag{6-6}$$

6.1.6 实验内容与步骤

（1）按图 6-1 所示的实验结构图组成一个为图 6-2 所要求的单闭

环流量比值控制系统。

（2）确定 Q_2 与 Q_1 的比值 K，并测定 Q_{1max} 和 Q_{2max}，按式（6-6）计算比值器的比例系数 K'（实验中可把电压转化为电流再计算）。

（3）完成实验系统的接线，并把图 6-1 中的阀 F1-1、F1-2、F1-8 和 F2-1、F2-5 打开（若两套动力支路的流量太大，还可把通向锅炉的进水阀打开）。

（4）经确认所有连接线无误后，接通总电源和相关仪表的电源。

（5）另选一只调节器设置为手动输出，并设定在某一数值，以控制电动调节阀支路的流量 Q_1。

（6）PI 调节器 W_c 的参数整定按单回路的整定方法进行。实验时将控制变频器支路流量的调节器（$CF = 8$，即外部给定）先设置为手动，待系统接近于给定值时再把手动切换为自动运行。

（7）打开计算机中的 MACSV 组态工程进入相应的实验，记录下实验实时（历史）曲线及各项参数。

（8）等系统的从动流量 Q_2 趋于不变时（系统进入稳态），适量改变主动流量 Q_1 的大小，然后观察并记录从动流量 Q_2 的变化过程。

（9）改变比值器的比例系数 K'，观察从动流量 Q_2 的变化，并记录相应的动态曲线。

6.1.7　实验报告

（1）根据实验系统的结构图，画出它的方框图；

（2）根据实验要求，实测比值器的比值系数，并与设计值进行比较；

（3）列表表示主控量 Q_1 变化与从动量 Q_2 之间的关系。

思考题

（1）如果 $Q_1(t)$ 是一斜坡信号，试问在这种情况下 Q_1 与 Q_2 还能保持原比值关系吗？

（2）试根据工程比值系数确定仪表比值系数。

6.2 双闭环流量比值控制系统

6.2.1 实验目的

（1）通过实验，进一步了解双闭环比值控制系统的原理与组成；

（2）掌握双闭环比值控制的参数整定与投运方法；

（3）比较双闭环比值控制与单闭环比值控制有何不同。

6.2.2 实验设备

实验设备同 6.1.2 节。

6.2.3 系统结构图

系统结构如图 6-3 所示。

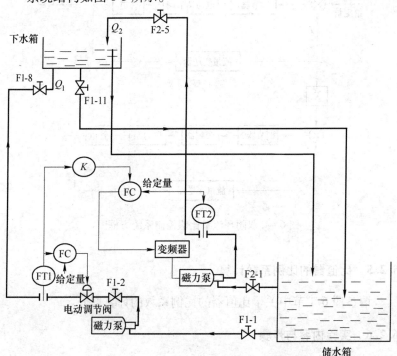

图 6-3 双闭环流量比值控制系统结构图

6.2.4　双闭环比值控制系统的原理

单闭环比值控制系统仅能实现从动量 Q_2 与主动量 Q_1 间的比值为一常量，但这种系统的不足之处是主控量的自发振荡不能消除，从而导致从动量跟着主动量的波动而变化，使该系统控制后的总流量不是一个定值。这一点对于高要求的生产过程是不允许的。双闭环比值控制系统就是为了克服单闭环比值控制系统的上述缺点而产生的。

图 6-4 所示为该控制系统方框图。由图中可知，主动量 Q_1 和从动量 Q_2 都是由独立的闭环系统实现定值控制，且两者间通过比值器实现定比值的关系。即主动量控制回路的输入 Q_1，经变送器变换为 I_1，它乘以比例系数 K 后，作为从动量 Q_2 控制回路的给定值 KI_1。如果两个回路中的调节器均采用 PI 或 PID，当系统在稳态时，则有 $I_2 = KI_1$。

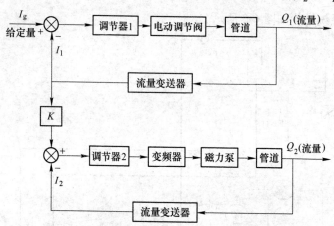

图 6-4　双闭环流量比值控制系统方框图

6.2.5　比值器的比例系数计算

请参照 6.1 节中关于比值器的比例系数的计算部分。

6.2.6　实验内容与步骤

（1）按图 6-3 所示的实验结构图组成一个为图 6-4 所要求的双闭

环流量比值控制系统;

（2）确定 Q_2 与 Q_1 的比值 K，并测定 Q_{1max} 和 Q_{2max}，按 6.1 节式（6-6）计算比值器的比例系数 K'（实验中可把电压转化为电流再计算）；

（3）完成实验系统的接线，并把图 6-3 所示中的阀 F1-1、F1-2、F1-8 和 F2-1、F2-5 打开（若两套动力支路的流量太大，还可把通向锅炉的进水阀打开）；

（4）经确认所有连接线无误后，接通总电源和相关仪表的电源；

（5）进行调节器的参数整定。按单回路的整定方法（先手动后自动的原则）分别整定调节器 1、2 的 PID 参数（也可按经验设置参数），但在具体操作中应先整定调节器 1 的参数，待主回路系统稳定后，再整定从动回路中的调节器 2（$CF=8$，即外部给定）的参数；

（6）在实验时打开计算机中的 MACSV 组态工程，进入相应的实验，记录下实验中的实时（历史）曲线及各项参数;

（7）等系统的被控制量趋于不变时（系统进入稳态），适量改变主控量给定值的大小，然后观察并记录主动量 Q_1 的稳定情况以及从动量 Q_2 的变化过程;

（8）改变比值器的比例系数 K'，观察从动流量 Q_2 的变化，并记录相应的动态响应曲线。

6.2.7 实验报告

（1）根据实验系统的结构图画出它的控制方框图;

（2）根据实验要求，实测比值器的比值系数，并与设计值进行比较;

（3）列表表示主动量 Q_1 变化与从动量 Q_2 之间的关系。

思考题

（1）实验在哪种情况下，主动量 Q_1 与从动量 Q_2 之比等于比值器的仪表系数?

（2）双闭环流量比值控制系统与单闭环流量控制系统相比有哪些优点?

7　滞后控制系统实验

7.1　盘管出水口温度纯滞后控制系统

7.1.1　实验目的

（1）通过实验，进一步认识传输纯滞后的形成，及其对系统动态性能的影响；

（2）掌握纯滞后控制系统用常规 PID 调节器的参数整定方法。

7.1.2　实验设备

（1）THJ-3 型高级过程控制对象系统实验装置；

（2）THJ-2 型 DCS 分布式过程控制系统；

（3）计算机一台、以太网交换机一个、网线两根；

（4）SA-31 挂件、SA-32 挂件、SA-33 挂件、主控单元各一个；

（5）万用电表一只。

7.1.3　实验原理

在生产过程中常会出现当输入量改变后，过程的输出量并不立即跟着响应，而是要经过一段时间后才能做出反映，纯滞后时间就是指在输入参数变化后，看不到系统对其响应的这段时间。

当物流沿着一条特定的路径传输时，就会出现纯滞后，路径的长度和物流的速度是构成纯滞后的因素。实验是以盘管出水口水温为系统的被控制量，并要求它等于给定值。变频器供水系统以固有的频率（恒速）把来自锅炉内胆的热水恒速输送到盘管。设由锅炉内胆到盘管出水口的管道长度为 $L(\mathrm{m})$，热水的流速为 $v(\mathrm{m/s})$，则内胆打出的热水要经过 $\tau(\mathrm{s})$ 后才能到达被控点，其中 $\tau=L/v(\mathrm{s})$。如果忽略热水在盘管内流动时的热损耗，则可近似地把盘管视为一纯滞后环

节，它的传递函数为

$$G_0(s) = e^{-\tau s} \tag{7-1}$$

相应的频率特性为

$$G(jw) = e^{-\tau jw} \tag{7-2}$$

由式（7-2）可知，不同大小的 τ 值，将对系统的动态性能产生不同程度的影响。消除纯滞后对系统的不良影响的方法之一是采用 Smith 预估补偿器，但这种方法的有效性是建立在能精确确定对象数学模型的基础上。另一种常用的方法是常规 PID 控制，只要参数整定得当，也能取得良好的控制效果。实验就是采用这种方法进行控制。图 7-1 所示为实验系统的结构图，图 7-2 所示为该控制系统的方框图。

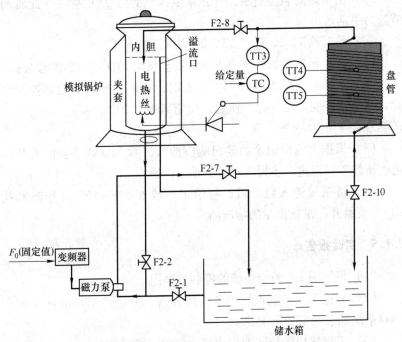

图 7-1　盘管出水口水温纯滞后控制系统结构示意图

7.1.4　实验内容与步骤

（1）根据图 7-1 完成实验系统的接线；

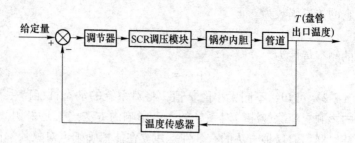

图 7-2 盘管出水口水温纯滞后控制系统方框图

（2）接通总电源和相关仪表的电源；

（3）给锅炉内胆注满水，并把水温预热到为 75℃ 左右（此时调节器为手动输出）；

（4）打开阀 F2-2、F2-7、F2-8；关闭 F2-1、F2-10；

（5）按单回路参数的整定方法，初步整定 PID 调节器的参数；

（6）当锅炉内胆水温为 75℃ 左右时，把调节器由手动切换为自动，同时打开变频器电源，使之以恒定频率（20Hz 左右）向盘管输送热水；

（7）根据上位机记录的输出响应曲线，对 PID 调节器的参数作进一步修正，以进一步提高系统的动态性能；

（8）待系统进入稳态后，将给定值改变 5% ~ 15%（作阶跃扰动），观察并记录输出量的响应曲线。

7.1.5 实验报告

（1）根据图 7-1 画出系统的控制方框图；

（2）根据 3 个测试点所得的响应曲线，分析纯滞后时间 τ 的大小对系统动态性能的影响；

（3）根据输出的阶跃响应曲线，确定纯滞后的时间 τ。

思考题

（1）试分析纯滞后环节对系统动态性能的影响；

（2）纯滞后环节的引入对系统的稳态精度是否有影响？

7.2 盘管出水口温度滞后控制系统

7.2.1 实验目的

（1）通过实验，进一步认识滞后的形成，及其对系统动态性能的影响；

（2）掌握滞后控制系统用常规 PID 调节器的参数整定方法。

7.2.2 实验设备

实验设备同 7.1.2 节。

7.2.3 实验原理

在生产过程中造成滞后的原因通常有以下三种：

（1）传输滞后；（2）测量滞后；（3）容量滞后。

实验是以盘管出水口温度为系统的被控制量，要求它等于系统的给定值，由调节器的输出自动控制三相调压器给锅炉内胆加热，并同时启动变频器电源，使之以恒定频率（20Hz 左右）向盘管送水，显然实验系统中的滞后包括了内胆容量的滞后和盘管传输的滞后，且前者的滞后时间一般要远大于后者。基于滞后对系统动态性能的影响更大，为了获得满意的控制效果，应把 PID 调节器的比例度 δ 和积分时间常数 T_1 增大。实验系统的结构图参见图 7-1，控制系统的方框图参见图 7-2。

7.2.4 实验内容与步骤

（1）根据图 7-3 完成实验系统的接线；

（2）接通总电源和相关仪表的电源；

（3）给锅炉内胆注满水，并开启阀 F2-10，排除盘管内的积水；

（4）打开阀 F2-2、F2-7、F2-8；关闭 F2-1、F2-10；

（5）按单回路参数的整定法，初步整定 PID 调节器的参数；

（6）设定系统的给定值，并把调节器设置为自动输出，通过三相调压模块给锅炉内胆加热，并同时启动变频器电源，使之以恒定频率（20Hz 左右）向盘管送水；

（7）根据上位机记录的输出响应曲线，对 PID 调节器的参数作进一步修正，以求获得较好的动态性能；

（8）系统进入稳态后，将给定值改变 5%～15%（作阶跃扰动），观察并记录输出量的响应曲线；

（9）相同的 PID 参数下，用上位机实时记录盘管的 3 个测试点温度的响应曲线。

7.2.5　实验报告

（1）根据图 7-3 画出系统的控制方框图；

（2）根据 3 个测试点所得的响应曲线，分析滞后时间 τ 的大小对系统动态性能的影响；

（3）根据输出的阶跃响应曲线，确定滞后的时间 τ。

思考题

（1）为什么实验中的滞后时间比纯滞后时间要大？

（2）与温度纯滞后系统相比，实验中调节器的 δ 和 T_1 值应比上一个实验时的值大还是小？

7.3　流量纯滞后控制系统

7.3.1　实验目的

（1）通过实验，进一步认识传输纯滞后的形成，及其对系统动态性能的影响；

（2）掌握纯滞后控制系统用常规 PID 调节器的参数整定方法。

7.3.2　实验设备

实验设备同 7.1.2 节。

7.3.3　实验原理

实验是以盘管出水口流量为系统的被控制量，要求它等于系统的给定值。由调节器的输出自动控制变频器的输出，从而控制盘管中流量的大小。

由于系统中管道的传输滞后较为明显，因此系统的控制难度要比一般的单回路反馈控制大，为了获得较好的控制效果，应把 PID 调节器的比例度 δ 和积分时间常数 T_I 适当增大。图 7-3 所示为实验系统的结构图，图 7-4 所示为该控制系统的方框图。

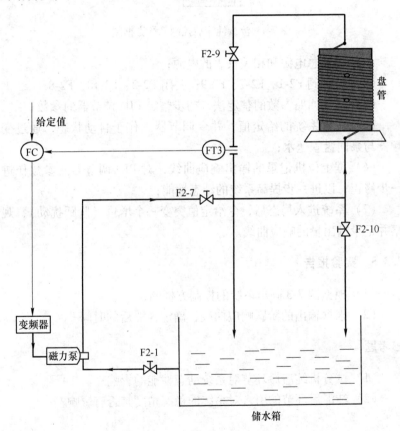

图 7-3　流量纯滞后控制系统结构图

7.3.4　实验内容与步骤

（1）根据图 7-3 完成实验系统的接线；

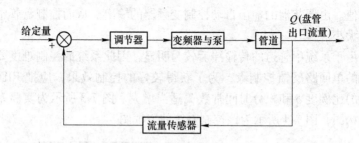

图 7-4　流量纯滞后控制系统方框图

（2）接通总电源和相关仪表的电源；

（3）打开阀 F2-1、F2-7、F2-9；关闭 F2-2、F2-10、F2-8；

（4）按单回路参数的整定法，初步整定 PID 调节器的参数；

（5）设置系统的给定值，并令调节器工作于自动状态，通过变频器与泵向盘管送水；

（6）据上位机记录的输出响应曲线，对 PID 调节器的参数作进一步修正，以进一步提高系统的动态性能；

（7）系统进入稳态后，令给定值突变一个增量（阶跃扰动），观察并记录输出量的响应曲线。

7.3.5　实验报告

（1）根据图 7-3 画出系统的控制方框图；

（2）根据输出的阶跃响应曲线，确定纯滞后的时间 τ。

思考题

（1）试分析纯滞后环节对系统动态性能的影响；

（2）纯滞后环节的引入对系统的稳态精度是否有影响？

前馈-反馈控制系统实验

8.1 锅炉内胆水温的前馈-反馈控制系统

8.1.1 实验目的

（1）通过实验，进一步了解温度前馈-反馈控制系统的原理与结构；

（2）掌握前馈补偿器的设计与调试方法；

（3）掌握前馈-反馈控制系统参数的整定与投运。

8.1.2 实验设备

（1）THJ-3 型高级过程控制对象系统实验装置；

（2）THJ-2 型 DCS 分布式过程控制系统；

（3）计算机一台、以太网交换机一个、网线两根；

（4）SA-31 挂件、SA-32 挂件、SA-33 挂件、主控单元各一个；

（5）万用电表一只。

8.1.3 实验原理

由于过程控制系统总具有滞后的特性，当干扰产生到被控制量发生变化，需要一定长的时间；而被控制量变化后通过调节器产生的调节作用又要经历一段时间。因此，被控参数要达到新的稳定状态就要经历相当长的时间。显然，控制系统的滞后越大，则被控参数变化的幅度也越大，偏差持续的时间也越长。为了解决上述问题，采用一种与反馈控制原理完全不同的控制方法，这种方法是按照干扰作用进行控制的。图 8-1 所示为前馈-反馈控制系统方框图。

由图 8-1 得扰动影响完全补偿的条件为

$$F(s)W_f(s) + F(s)W_B(s)W_0(s) = 0$$

即
$$W_B(s) = -\frac{W_f(s)}{W_0(s)} \tag{8-1}$$

当补偿装置满足式（8-1）后，只要干扰一出现，在被控制量未受到影响前，补偿器立即根据干扰的性质和大小，改变执行器的输入信号，从而使被控制量基本不受扰动的影响。

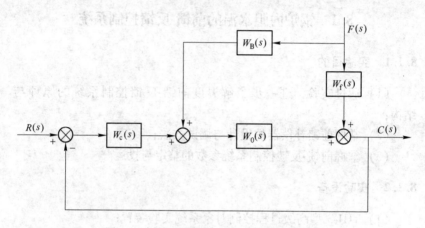

图 8-1 锅炉温度前馈-反馈控制系统方框图

$W_c(s)$ —调节器；$W_0(s)$ —被控对象；

$W_f(s)$ —干扰通道的传递函数；$W_B(s)$ —前馈补偿器

由图 8-1 可知，前馈控制有以下特点：

（1）前馈控制是一种开环控制，因而不影响系统的动态性能；

（2）前馈控制是按扰动进行补偿的；

（3）前馈控制只适用于可测不可控的扰动；

（4）用前馈补偿系统中的主要扰动，式（8-1）所示的条件只能近似地满足，一般只用比例环节或一阶（微分或惯性）环节。

实验系统是以锅炉内胆为被控对象，内胆水温为被控制量。设进入内胆循环水的流量作为该系统主要的扰动量，该系统的控制要求是当扰动大小变化时，干扰信号流量经变送器、前馈补偿器、可控硅三相调压器和被控对象内胆后产生一个与扰动经干扰通道后的输出量等值反号的补偿值，从而使锅炉内胆的水温基本上不受流量扰动的影响。至于该系统其他的扰动，例如电网电压的波动，会促使可控硅调压器输出电压的变化，从而导致被控制量内胆水温 T 的变化。这种影响，均由负反馈系统予以抑止。

图8-2所示为温度前馈-反馈控制系统的结构示意图，图8-3所示为该系统的控制方框图。

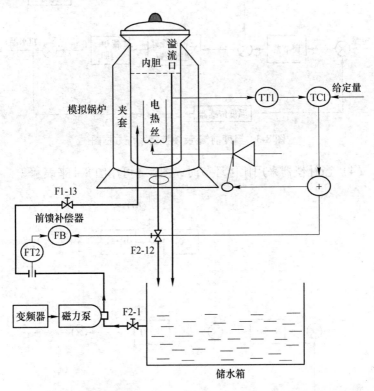

图8-2 温度前馈-反馈控制系统结构示意图

8.1.4 实验内容与步骤

（1）按图8-2所示的结构组成温度前馈-反馈控制系统，并完成系统的接线。

（2）合上总电源和相关仪表的电源。

（3）不加补偿器，使系统处于反馈运行状态。按单回路温度系统的参数整定方法，整定好调节器 $W_c(s)$ 的参数。

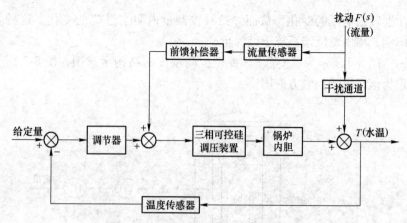

图 8-3   温度前馈-反馈控制系统方框图

（4）当补偿器采用比例环节时，图 8-3 可用图 8-4 来表示。

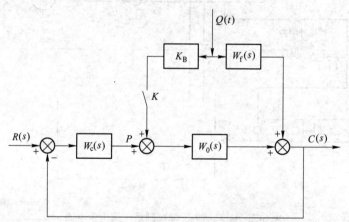

图 8-4   温度前馈-反馈控制系统

$W_c(s)$ —控制器；$W_0(s)$ —被控对象；

$W_f(s)$ —干扰通道的传递函数

由式（8-1）可知，如果只考虑静态前馈

$$K_B = -\frac{K_f}{K_0} \tag{8-2}$$

式中 K_f——干扰通道的静态放大倍数；

K_0——控制通道的静态放大倍数。

（5）K_B 的闭环整定法。

1）前馈-反馈整定法。在反馈回路整定好的基础上，先合上图 8-4 中的开关 K，使系统变为前馈-反馈控制系统，然后调节 K_B 值，使之由小逐渐变大，可得到在扰动 $Q(t)$ 作用下如图 8-5 所示的一系列响应曲线，其中图 8-5（b）所示的曲线补偿效果最好。

2）利用反馈系统整定 K_f 值。等系统运行正常后，打开图 8-4 中的开关 K，使系统变为单纯的反馈控制。

①当被控制量 T 等于给定值时，记录相应的扰动量 Q_0 和调节器输出 P_0。

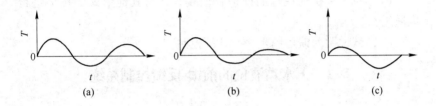

图 8-5 前馈-反馈系统 K_B 的整定过程

（a）欠补偿；（b）补偿合适；（c）过补偿

②人为地改变扰动 Q_1，待系统进入稳态，且被控制量 T 等于给定值时，记录此时调节器的输出 P_1。

③按式（8-3）计算 K_B 值

$$K_B = \frac{P_1 - P_0}{Q_1 - Q_0} \tag{8-3}$$

（6）不加前馈补偿器，待系统进入稳态后，突加适量大小的扰动，观察被控制量 T 的变化过程。

（7）将由实验中测得的 K_B 值设置于前馈补偿器中，施加同上面大小相同的扰动，观察系统输出的响应过程。如果记录曲线不够理想，可实时调整 K_B 值，直至所得的响应曲线满意为止。

8.1.5 实验报告

（1）画出温度前馈-反馈控制系统的方框图；

（2）根据实验确定前馈补偿器的系数 K_B；

（3）画出不加前馈补偿时，系统在扰动作用下被控制量的响应曲线；

（4）画出加上前馈补偿器后，系统在同样扰动作用下被控制量的响应曲线；

（5）根据所得的实验结果，对前馈补偿器在系统中所起的作用作出评述。

思考题

（1）对一种扰动设计的前馈补偿装置，对其他形式的扰动是否也适用？

（2）试说明前馈控制是一种开环控制。

8.2　下水箱液位的前馈-反馈控制系统

8.2.1　实验目的

（1）通过实验进一步了解前馈-反馈控制系统的原理和结构；

（2）掌握前馈补偿器的设计方法；

（3）掌握前馈-反馈控制系统参数的整定与投运。

8.2.2　实验设备

实验设备同 8.1.2 节。

8.2.3　实验原理

系统结构如图 8-6 所示，反馈控制是按照被控参数与给定值之差进行控制的。它的特点是，调节器必须在被控参数出现偏差后才能对它进行调节，补偿干扰对被控参数的影响。由于过程控制系统总具有滞后特性，从干扰的产生到被控参数的变化，需要一定长的时间后，才能使调节器产生对它进行调节作用，从而对干扰产生的影响得不到及时地抑止。为了解决这个问题，提出一种与反馈控制在原理上完全不同的控制方法。由于这种方法是一种开环控制，因而它只对干扰进行及时的补偿，而不会影响控制系统的动态品质。即当扰动一产生，补偿器立即根据扰动的性质和大小，改变执行器的输入信号，从而消除干扰对被控量的影响。由于这种控制是在扰动发生的瞬时，而不是在被控制量产生变化后进行的，故称其为前馈控制。

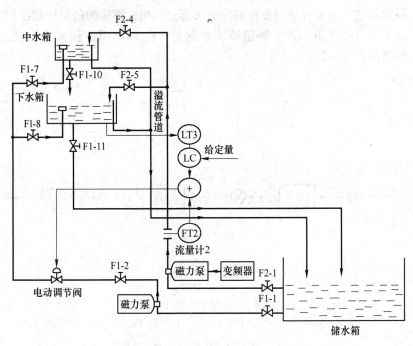

图 8-6 前馈-反馈控制系统的结构图

前馈-反馈控制系统中的主要扰动由前馈部分进行补偿，这种扰动能测定，其他所有扰动对被控制量所产生的影响均由负反馈系统来消除，这样就能使系统的动态误差大大减小。

8.2.4 前馈补偿器的设计

图 8-6 所示为实验的系统结构图，被控制量是下水箱的液位，扰动为流量 F。图 8-7 所示为该控制系统的方框图。

由图 8-7 可知，扰动 $F(s)$ 得到全补偿的条件为

$$F(s)G_f(s) + F(s)G_E(s)G_0(s) = 0$$

$$G_{\mathrm{E}}(s) = -\frac{G_{\mathrm{f}}(s)}{G_0(s)} \qquad (8\text{-}4)$$

式（8-4）给出的条件由于受到物理实现条件的限制，显然只能近似地得到满足，即前馈控制不能全部消除扰动对被控制量的影响，但如果它能去掉扰动对被控制量的大部分影响，即认为前馈控制已起到了应有的作用。为使补偿器简单起见，$G_{\mathrm{B}}(s)$ 用比例器来实现，其值按式（8-2）来计算。

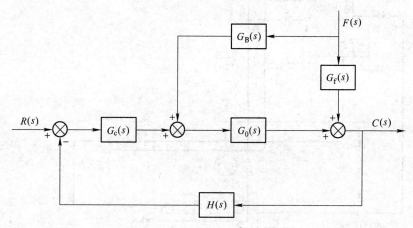

图 8-7　控制系统的方框图

$G_{\mathrm{c}}(s)$ —调节器；$G_0(s)$ —电动调节阀、中水箱与下水箱；$G_{\mathrm{f}}(s)$ —干扰通道的传递函数；

$G_{\mathrm{B}}(s)$ —前馈补偿器；$H(s)$ —液位变送器

8.2.5　实验内容与步骤

（1）按图 8-6 所示的结构组成液位前馈反馈控制系统，并完成系统的接线；

（2）合上总电源和相关仪表的电源；

（3）按单回路参数的整定方法整定 PI 调节器的参数；

（4）用 8.1 节中所述补偿器参数的工程整定方法，实时求出补偿器的 K_{B} 值；

（5）在不加扰动时，先用手动使系统的输出量液位接近于稳态值，然后投入自动运行；

（6）加一适量扰动（变频器支路定值打水），观察并记录被控制量 H 的变化过程；

（7）引入前馈补偿器后，再加同样大小的扰动，观察并记录被控制量 H 的变化过程。

8.2.6 实验报告

（1）画出液位前馈-反馈控制系统的方框图；

（2）根据实验，确定前馈补偿器的系数 K_B；

（3）画出不加前馈补偿器时，系统在扰动作用下被控制量的响应曲线；

（4）画出加上前馈补偿器后，系统在同样扰动作用下被控制量的响应曲线；

（5）根据所得的实验结果进行分析。

思考题

（1）试证明前馈补偿器是一种开环控制；

（2）有了前馈补偿器后，试问反馈控制系统部分是否还具有抗扰动的功能？

9 解耦控制系统实验

9.1 上水箱水温与液位的解耦控制系统

9.1.1 实验目的

（1）通过实验，了解解耦控制系统的原理；

（2）通过相对增益矩阵的求导，深入理解被控对象的操作量与被控制量间正确配对的重要性；

（3）掌握解耦装置的设计及其物理的实现；

（4）掌握解耦控制系统参数的整定与投运。

9.1.2 实验原理

实验系统中的被控对象为上水箱，其输入与输出变量的关系如图 9-1 所示。

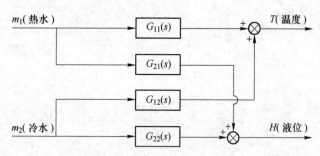

图 9-1　上水箱输入与输出的关系图

上水箱的被控制量为液位 H 和水温 T，控制量分别为可控流量的恒温热水和冷水。显然，被控制量与控制量之间是相互关联的。例如热水流量的变化不仅影响到水箱内水的温度，而且也会使水箱内液位的高度 H 发生变化。同理，冷水流量的变化同样会引起水箱的液位和温度变化。为了消除上述耦合产生的不利影响，使控制系统的被控制量 H 和 T 都能稳定于各自所要求的给定值，必须在系统中引入解耦装置 $G_D(s)$，使解耦后的系统等价于两个独立的单回路控制系统。图 9-2 为实验系统的结构图。

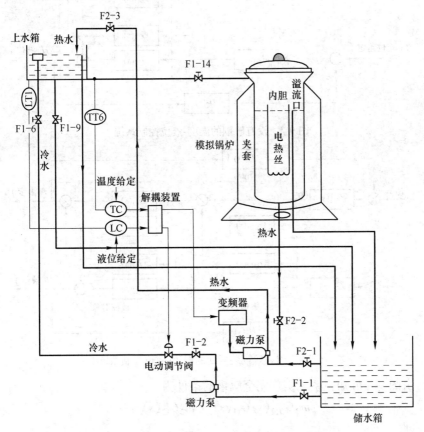

图 9-2 上水箱温度-液位解耦控制系统结构图

9.1.3 解耦装置的设计

实现解耦的方法虽有很多种，但为了使解耦装置的结构简单和调试方便，实验采用前馈补偿的解耦方法。图 9-3 所示为解耦前系统的方框图，图 9-4 所示为引入解耦装置后的系统方框图。

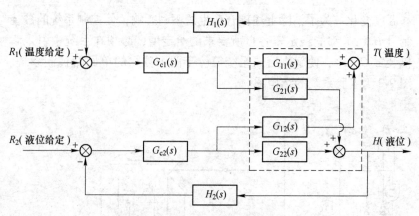

图 9-3 没有解耦的温度-液位控制系统

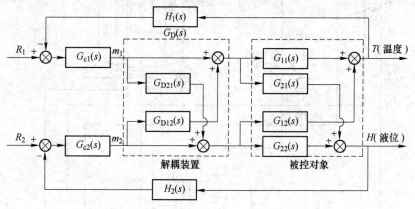

图 9-4 引入解耦装置后的温度-液位控制系统

由图 9-4 可知，系统实现完全解耦的条件为

$$m_2 G_{D12}(s) G_{11}(s) + m_2 G_{12}(s) = 0$$

即

$$G_{D21}(s) = -\frac{G_{21}(s)}{G_{22}(s)} \tag{9-1}$$

$$G_{D12}(s) = -\frac{G_{12}(s)}{G_{11}(s)} \tag{9-2}$$

如果式（9-1）和式（9-2）的条件能完全实现，则图 9-4 所示的系统就等价于两个独立的单回路控制系统。

考虑到解耦装置的简单和被控对象有自平衡的特点，实验采用近似的静态解耦方法，但只要设计和调试正确，一般都能取得很好的解耦效果。

用实验的方法，建立上水箱的被控制量 T、H 与操作量 m_1 和 m_2 间的静态方程

$$\Delta T = K_{11}\Delta m_1 - K_{12}\Delta m_2 \tag{9-3}$$

$$\Delta H = K_{21}\Delta m_1 + K_{22}\Delta m_2 \tag{9-4}$$

式中，K_{11}、K_{12}、K_{21}、K_{22} 分别为 $G_{11}(s)$、$G_{12}(s)$、$G_{21}(s)$、$G_{22}(s)$ 的静态增益。

把由实验测得的系数 K_{11}、K_{12}、K_{21} 和 K_{22} 分别替代式（9-1）、式（9-2）中的 $G_{11}(s)$、$G_{12}(s)$、$G_{21}(s)$ 和 $G_{22}(s)$，从而求得静态解耦矩阵为

$$G_{\mathrm{D}} = \begin{pmatrix} 1 & -\dfrac{K_{21}}{K_{22}} \\ \dfrac{K_{12}}{K_{11}} & 1 \end{pmatrix} \tag{9-5}$$

根据式（9-5），设计相应的模拟电路。

9.1.4 实验内容与步骤

（1）按图 9-2 的要求完成实验系统的接线。

（2）接通总电源和相关仪表的电源。

（3）实验前先启动变频器-磁力泵支路，使锅炉内胆注满水，然后通过三相 SCR 可控硅加热，使内胆水温上升到某一值，如 90℃，并使之恒温，同时把 F1-14 打开到适当的开度。

（4）根据图 9-3，在不加解耦装置的情况下，把调节器 $G_{\mathrm{c1}}(s)$ 和 $G_{\mathrm{c2}}(s)$ 均设为手动输出，让上水箱液位和水温均达到自己的期望值（实验时的设定值），然后测试对象的静态增益 K_{ij}，并计算相对增益矩阵 λ_{ij}。

（5）设定温度 T 和液位 H 的给定值，分别在单回路参数整定所得 δ、T_{I} 值的基础上，适当增大比例度 δ 和积分时间常数 T_{I} 的值，作

为引入解耦装置后调节器 $G_{c1}(s)$ 和调节器 $G_{c2}(s)$ 的设置参数。

（6）根据图 9-3 所示，在不加解耦装置 $G_D(s)$ 时，系统由手动投入自动运行，并在上位机记录下被控制量 T 和 H 的响应曲线。

（7）按图 9-4 所示，引入解耦装置，在上电后调节 G_{D21} 和 G_{D12} 中相关的电位器（分别对应于解耦装置面板上的 W_{21} 和 W_{12} 电位器，并可通过增益测试点 1、2 进行测试），使它们分别等于式（9-5）所要求的值。

（8）根据先手动、后自动的原则，使液位控制回路的被控制量 H 进入稳态并等于给定值；再手动操作调节器 $G_{c1}(s)$ 的输出，使上水箱内的水温 T 逐渐上升，当升到设定值并稳定后，投入自动运行。并在上位机记录下 T 和 H 投入自动运行后的响应曲线。

（9）待系统进入稳态后，适当改变液位或温度的设定值（阶跃扰动），观察被控制量的响应过程。

（10）分别改变 G_{D12} 和 G_{D21} 的参数，观察对被控制量 T 和 H 变化的影响。

9.1.5 实验报告

（1）画出解耦前和解耦后系统的方框图。

（2）根据实验所求的静态增益 K_{ij}，计算相对增益矩阵 $\boldsymbol{\lambda}$。

（3）对由实验求得的解耦前和解耦后系统被控制量 T 和 H 的响应曲线作出分析和评述。

思考题

（1）根据所求的相对增益矩阵 $\boldsymbol{\lambda}$，说明实验中的对象的操作量与被控制量间的配对是否正确。

（2）试推导解耦前和解耦后系统的特征方程。

（3）如果实验采用单位矩阵法解耦，你如何设计解耦装置电路？

9.2 锅炉内胆水温与锅炉夹套水温解耦控制系统

9.2.1 实验目的

（1）通过实验，进一步了解解耦控制系统的原理。

（2）掌握解耦装置的设计与其结构组成。

（3）掌握解耦控制系统的参数整定和投运。

9.2.2 实验原理

在生产过程中，往往有多个被控制量需要控制，因而会有多个输入量参与控制，即被控过程（对象）是多输入、多输出的。这种对象的被控制量与控制量之间往往是相互关联的，一个控制量的变化将会同时引起多个被控制量的变化。为了对各个被控制量进行定值控制，就需要设置相应的负反馈控制回路。显然，这些控制回路之间也必然存在着关联和耦合的现象。

实验系统的被控制量是锅炉内胆水温 T_1 和夹套水温 T_2，控制量分别为可控硅调压电路的输出电压 U 和夹套循环水的流量 Q。显然，这些被控制量与控制量之间是相互关联的。所谓解耦控制，就是通过解耦装置 $W_D(s)$ 使系统中任意一个控制量的变化只影响其对应的那个被控制量，而不影响其他控制回路的被控制量，从而把一个多变量的控制系统分解为若干个独立的单变量控制系统。

常见的解耦方法有前馈补偿法、单位矩阵法和对角线矩阵法三种，其中以前馈补偿法的结构为最简单，单位矩阵法综合系统的性能为最优。实验仍采用前馈补偿法，这种方法实际上就是把某一通道的调节器输出对另外通道的影响视为一扰动作用，然后，用前馈控制的补偿原理，消除控制回路间耦合关联的影响。图 9-5 所示为实验的结构图，图 9-6 所示为未加前馈补偿装置时系统的方框图。

由图 9-6 可知，若不加解耦装置，则这个系统是不能正常工作的，例如内胆水温 T_1 下降，则偏差 e_1 上升，使三相可控硅调压输出电压 U_1 上升，即 T_1 上升，同时由于 T_1 上升使夹套水温 T_2 上升，偏差 e_2 下降，调节器 2 的输出使电动调节阀的开度 θ 增大，使 T_2 下降，同时也使 T_1 下降。由此可见，可控硅调压器与电动调节阀的作用是相互影响的，从而使两被控制量 T_1 和 T_2 都不能稳定于设定值。为此，在该系统中必须引入一个合适的解耦装置，以使该系统的功能等效于两个独立的单回路控制系统。

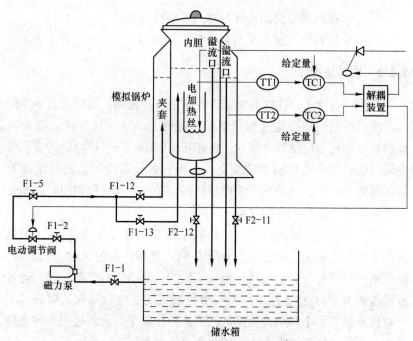

图 9-5　温度-温度解耦控制系统结构示意图

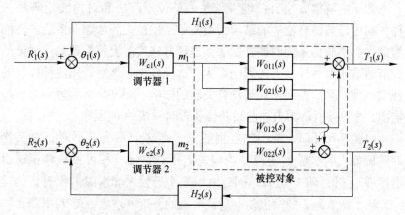

图 9-6　未加前馈补偿解耦装置的控制系统

9.2.3　前馈补偿解耦装置的设计

引入前馈补偿解耦装置后的系统如图 9-7 所示。

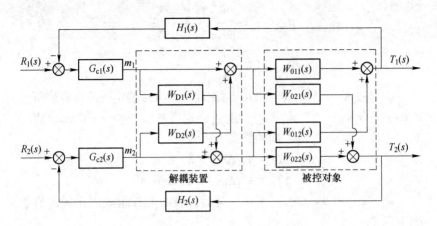

图 9-7 具有前馈补偿解耦装置的控制系统

图 9-7 中的前馈全补偿的条件为

$$m_1 W_{021}(s) + m_1 W_{D1}(s) W_{022}(s) = 0$$
$$m_2 W_{012}(s) + m_2 W_{D2}(s) W_{011}(s) = 0$$

即

$$W_{D1}(s) = -\frac{W_{021}(s)}{W_{022}(s)} \tag{9-6}$$

$$W_{D2}(s) = -\frac{W_{012}(s)}{W_{011}(s)} \tag{9-7}$$

式中

$$W_{011}(s) = K_{11}g_{11}(s) \qquad\qquad W_{012}(s) = -K_{12}g_{12}(s)$$
$$W_{021}(s) = K_{21}g_{21}(s) \qquad\qquad W_{022}(s) = -K_{22}g_{22}(s)$$

K——比例系数；

$g(s)$——动态部分的表达式。

虽然前馈补偿解耦装置较为简单，但其用模拟装置来实现还有较多的难度。为此，在工程中常采用一种基本且有效的补偿方法——静态解耦。实验就是采用这种方法对系统进行解耦，即不考虑对象的动态部分 $g(s)$，只取其前面的比例系统 K。这样，上述所求的前馈装置变为

$$W_{D1}(s) = -\frac{W_{021}(s)}{W_{022}(s)} \approx \frac{K_{21}}{K_{22}} \tag{9-8}$$

$$W_{D2}(s) = -\frac{W_{012}(s)}{W_{011}(s)} \approx \frac{K_{12}}{K_{11}} \tag{9-9}$$

式中，参数 K_{11}、K_{12}、K_{21} 和 K_{22} 可用实验的方法确定，即在锅炉所要求的平衡状态下（T_{10} 和 T_{20}），通过分别突加操作量 m_1 和 m_2，建立它们与被控制量 T_1 和 T_2 间的静态方程为

$$\Delta T_1 = K_{11}\Delta m_1 - K_{12}\Delta m_2$$
$$\Delta T_2 = K_{21}\Delta m_1 - K_{22}\Delta m_2$$

$W_{D1}(s)$ 和 $W_{D2}(s)$ 可采用以运放为核心元件组成的比例调节器来实现。

9.2.4　实验内容与步骤

（1）根据实验系统的结构图，组成一个前馈补偿解耦控制系统。

（2）接通总电源和相关仪表的电源。

（3）打开阀 F1-1、F1-2、F1-5、F1-12 和 F1-13，给锅炉夹套打满水，同时把锅炉内胆打水到最大容量的 2/3 左右。

（4）根据图 9-6，在不加解耦装置的情况下，把调节器 $G_{c1}(s)$ 和 $G_{c2}(s)$ 均设为手动输出，让锅炉内胆水温 T_1 与夹套水温 T_2 均达到自己的期望值（实验时的设定值），然后测试对象的静态增益 K_{ij}，并计算相对增益矩阵 $\boldsymbol{\lambda}_{ij}$。

（5）设定锅炉内胆水温 T_1 与夹套水温 T_2 的给定值，分别在单回路参数整定所得 δ、T_1 值的基础上，适当增大比例度 δ 和积分时间常数 T_1 的值，作为引入解耦装置后调节器 $G_{c1}(s)$ 和调节器 $G_{c2}(s)$ 的设置参数。

（6）根据图 9-6 所示，在不加解耦装置 $G_D(s)$ 时，系统由手动投入自动运行，并在上位机记录下被控制量 T 和 H 的响应曲线。

（7）按图 9-7 所示，引入解耦装置，在上电后调节 G_{D21} 和 G_{D12} 中相关的电位器（分别对应于解耦装置面板上的 W_{21} 和 W_{12} 电位器，并可通过增益测试点 1、2 进行测试），使它们分别等于式（9-3）、式（9-4）所要求的值。

（8）根据先手动、后自动的原则，使锅炉内胆水温 T_1 进入稳态并等于给定值；再手动操作调节器 $G_{c1}(s)$ 的输出，当锅炉夹套的水温 T_2 进入稳态设定值并稳定后，投入自动运行。并在上位机记录下 T_1 和 T_2 投入自动运行后的响应曲线。

（9）待系统进入稳态后，适当改变锅炉内胆水温 T_1 或夹套水温 T_2 的设定值（阶跃扰动），观察被控制量的响应过程。

（10）分别改变 G_{D1} 和 G_{D2} 的参数，观察对被控制量 T_1 和 T_2 变化的影响。

9.2.5 实验报告

（1）画出解耦前和解耦后系统的方框图；

（2）根据实验所求的静态增益 K_{ij}，计算相对增益矩阵 $\boldsymbol{\lambda}$；

（3）对由实验求得的解耦前和解耦后系统被控制量 T_1 和 T_2 的响应曲线作出分析和评述。

思考题

（1）根据所求的相对增益矩阵 $\boldsymbol{\lambda}$，说明实验中的对象的操作量与被控制量间的配对是否正确；

（2）试推导解耦前和解耦后系统的特征方程；

（3）如果实验采用单位矩阵法解耦，应如何设计解耦装置电路？

参 考 文 献

［1］潘炼，等．过程控制与集散系统实验教程［M］．武汉：华中科技大学出版社，2008.

［2］浙江天煌科技实业有限公司［C］．THJ-2 型高级过程控制系统实验指导书．

冶金工业出版社部分图书推荐

书　名	作　者	定价(元)
加热炉（第4版）	王　华　主编	45.00
冶金热工基础（本科教材）	朱光俊　主编	30.00
冶金企业环境保护（本科教材）	马红周　等编	23.00
燃料及燃烧（第2版）（本科教材）	韩昭沧　主编	29.50
热能转换与利用（第2版）（本科教材）	汤学忠　主编	32.00
能源与环境（本科国规教材）	冯俊小　主编	35.00
热工基础与工业窑炉（本科教材）	徐利华　等编	26.00
热工测量仪表（第2版）（本科教材）	张　华　等编	46.00
节能监测技术（本科教材）	夏家群　等编	30.00
热能与动力工程基础（本科教材）	王承阳　主编	29.00
热工实验原理和技术（本科教材）	邢桂菊　等编	25.00
烧结生产节能减排（培训教材）	肖　扬　主编	70.00
钢铁冶金的环保与节能（第2版）	李光强　等著	56.00
带钢连续热处理炉内热过程数学模型及　过程优化	温　治　等著	50.00
钢铁企业能源规划与节能技术	张战波　著	65.00
冶金工业节能与余热利用技术指南	王绍文　著	58.00